科学新知系列

可怕的科学
HORRIBLE SCIENCE

MIND-BOGGLING BUILDINGS

超级建筑

〔英〕迈克尔·考克斯 原著 〔英〕迈克·菲利普斯 绘 徐风 译

北京出版集团公司
北京少年儿童出版社

著作权合同登记号

图字:01－2009－4316

Text copyright © Michael Cox, 1998

Illustrations copyright © Mike Phillips, 1998

Cover illustration © Rob Davis, 2009

Cover illustration reproduced by permission of Scholastic Ltd.

图书在版编目(CIP)数据

超级建筑／(英)考克斯(Cox,M.)原著;(英)菲利普斯(Phillips,M.)绘;徐风译. —2版. —北京:北京少年儿童出版社,2010.1

(可怕的科学·科学新知系列)

ISBN 978－7－5301－2381－2

Ⅰ.超⋯ Ⅱ.①考⋯ ②菲⋯ ③徐⋯ Ⅲ.建筑学—少年读物 Ⅳ.TU－49

中国版本图书馆 CIP 数据核字(2009)第 182731 号

可怕的科学·科学新知系列

超级建筑

CHAOJI JIANZHU

[英]迈克尔·考克斯　原著

[英]迈克·菲利普斯　绘

徐　风　译

＊

北 京 出 版 集 团 公 司

北 京 少 年 儿 童 出 版 社　出版

(北京北三环中路6号)

邮政编码:100120

网　址:www.bph.com.cn

北 京 出 版 集 团 公 司 总 发 行

新 华 书 店 经 销

北京雁林吉兆印刷有限公司印刷

＊

787 毫米×1092 毫米　16 开本　9.75 印张　50 千字

2010 年 1 月第 2 版　2019 年 10 月第 37 次印刷

ISBN 978－7－5301－2381－2/N·169

定价:22.00 元

如有印装质量问题,由本社负责调换

质量监督电话:010－58572393

目 录

介绍

假期里，你参观过那些著名的建筑吗？它们是那么壮观，那么美丽，以致全世界的人都想来一睹它们的风采。

你知道吗？这种建筑可能非常古老，可能无比巨大，或者形态和结构新奇独特，令人难以置信。无论什么时候，它们都会让你觉得不可思议。很多人对这些建筑都不陌生，因为它们常常出现在电视上，或者被印在T恤衫等纪念品上。人们都知道，这些是非常非常了不起的地方——但现实往往是，这些了不起的地方离我们总是那么遥远……

这么多不可思议的建筑，你难道不想多了解一些吗？比如你想不想知道：

▶ 当初它们怎么会建在那里？

▶ 是谁设计的？

▶ 它们是怎样建成的？

▶ 为什么要建造？还有……

▶ 它们怎么会像现在这副样子？

你不可能一下子参观完世界上所有的神奇的建筑，因为它们实在太多了。你得花一大笔钱买机票，用更多的钱住旅店、吃饭，说不定还会耽误上课。所以，还是读读这本书吧。带着无穷的乐趣，踏上你的旅程，去观赏那些你做梦都想见到的建筑吧，而你根本用不着离开你心爱的沙发、教学楼，或脱掉舒服的紧身衣。

看完这本书，你就会知道许多关于那些著名的或不太著名的建筑方面的故事。这些故事足以让你的伙伴们眼红，让你的老师们忌妒！

想知道吗？

是谁请了15 000个建筑工人到他家里，让他们把他的房子修补一下……而且他还非常的害羞！

埃菲尔铁塔的建筑工人们是怎样将自己绑在铁塔上施工的？

哪一座皇宫有1300多个房间，20 000多居住者，却没有一间洗澡间？

还有更多的呢！读下去吧！……

超级著名的建筑

　　世界上有很多很多令人惊奇的建筑，其中有一些尤其神奇！它们是建筑中的"超级巨星"，有人将它们形容成"世界奇观"，因为它们最具创新精神，最为激动人心，最富有想象力，最有超前思想，它们是当时建筑领域中最为杰出的代表。其中有很多在建筑史上长久地占有一席之地，人们无法想象，没有了它们，世界将会是个什么样子。

　　1887年以前，漫步巴黎的游人们一定都知道这座城市没有埃菲尔铁塔会是什么样子——因为那时根本没有铁塔。当时这座令人叫绝的建筑还只是那位伟大的设计者——古斯塔夫·埃菲尔心中的一个构想，但它注定要成为世界闻名的风景。

　　下面说说埃菲尔的伟大构想是怎样实现的……

哦！——你是埃菲尔……我们喜欢你！

　　19世纪末，法国人民计划举行一次纪念大革命100周年的庆祝活动。（在那场大革命中，他们推翻了可恶的统治阶级。）他们想在巴黎塞纳河的两岸举行一次盛大的展览，展示他们在消灭敌人后所取得的巨大成果。为了给这次展览建造一座真正宏伟壮丽的拱门入口，他们组织了很多人参加比赛，希望从中选出最完美的设计方案。最后，工程师古斯塔夫·埃菲尔（1832—1923）设计的一座高塔，博得了组织者们的好评。于是，埃菲尔赢得了这场比赛。建筑工程始于1887年，埃菲尔铁塔从此成为世界上的一大奇观！

埃菲尔铁塔就是这么高！

埃菲尔铁塔的庐山真面目

1. 埃菲尔铁塔是由很多分散的碎片组成的——看起来就像一堆模型的组件。不过，这些碎片可不是塑料的，而是18 038个金属部件，它们的总重量大约有6400吨。

2. 塔身的框架是由铸铁制成的。这种铁非常坚固，有时它们也用来建造装饰门。这种材料焊接起来非常困难，因此，各个部件都是用铆钉连接在一起的，而这些铆钉在用锤子敲入之前都经过加热。

……埃菲尔铁塔就是这么低！

3. 制造这些组件必须特别小心，因为在这250多万个为铆钉打凿的钉孔中，万一有一个与铆钉的尺寸不合，那么所有的组件就不能很好地组合了。为此需要5000张不同的图纸，才能把所有钉孔的位置和尺寸标注清楚。而画这些图纸，需要许多工程师来共同完成。

4. 所有部件都是在单独的车间里按照预先制定的式样制造出来的。车间离建筑地点有1.5千米。各个部件制成后，被用马车运送到施工地点。

5. 这座铁塔是数学老师们的梦想。这不同寻常的结构是由上百个变化各异、纷繁复杂的形状和角度构成的，而且以后绝对不能再有任何的改动——因此，这就需要进行成千上万次计算，使每一个部件都能精确无误地进入适当位置。

6. 为了建造铁架子，工人们不得不在寒冷的冬天里工作。有时，他们的手会粘在冰冷的铁架上——就像我们舔冰棍时舌头会粘在上面一样。只要他们一把手拿开，就会有一大层皮被揭下来，粘在塔上！

那么……对于这座塔，你有什么想法呢？

当初，铁塔建成后，许多人非常讨厌它。比如，法国著名的作家莫泊桑（1850—1893）就特别喜欢在铁塔里边的一座餐馆吃饭。你知道这是为什么吗？

1. 因为该餐馆可以提供最好吃的法国薯条。

2. 因为他觉得铁塔里面简直就是人间天堂。

3. 因为这是在巴黎唯一见不到埃菲尔铁塔的地方。

答案

3。与其他精通各种艺术的巴黎人一样，莫泊桑认为埃菲尔铁塔破坏了巴黎其他建筑的美感。于是，他们向当局联名上书，表示抗议。他的一位好朋友、诗人保罗·魏尔伦（1844—1896）也很讨厌铁塔，他在游览巴黎时，总要绕个大圈，就是因为不想见到铁塔。

7

令人吃惊的真相

一位数学家曾预言，铁塔高度达到229米时，铁塔就会倒塌。住在铁塔旁的人听到这一预言后，都非常害怕，怕铁塔真的倒塌，会压坏他们的房子。为此，他们曾使建筑工作一度中断。埃菲尔说，假如铁塔真的倒塌，他将给附近的居民购买新房。难道他也可以让那些被压扁的宠物和孩子们复活吗？

事实证明，这位数学家的预言是没有道理的。铁塔在1889年5月巴黎展览会前如期完工。从此，它就永远高高耸立在那里——而这一切，都得感谢埃菲尔一流的工程技术。

关于埃菲尔铁塔的十大惊人之举——猜一猜，是真是假？

像埃菲尔铁塔那样的高层建筑，对于那些常想试一试身手的人来说，总会有特殊的吸引力。他们常常做出一些难以置信的举动。请你猜一猜，以下几个例子是真还是假。

1. 1891年，巴黎的一位面包师踩着高跷走了363级，爬到了铁塔第一层。

真／假

2. 1911年，一位名叫蒙西埃·雷菲尔德的法国裁缝师，穿着他自己设计的有弹簧的蝙蝠翅膀形状的披风，从铁塔顶端的护墙上往下飞。

真／假

3. 1905年，法国杂技演员皮埃尔·勒蒂西耶在塔上进行了一次前所未有的"绑脚跳"。他把一根松紧绳的一头绑在脚上，另一头吊在塔上，然后从塔顶平台上往下跳，跳下后被弹上来，弹上来后再往下跳！

真／假

4. 1923年6月，一位名叫皮埃尔·拉布里克的法国作家从第二层顶端沿着铁塔骑自行车回到地面。

真／假

5. 1926年11月，为了给住在附近的兄弟留个好印象，一位名叫莱昂·科洛的法国人企图驾飞机穿越两个塔墩之间的间隔。

真／假

6. 在第二次世界大战中，就在盟军快要从德国人手中夺回巴黎前，一位美国飞行员做了一次跟莱昂一样的飞行壮举。

真／假

7. 1964年，一支登山队攀登上了铁塔——他们没有用一架梯子！

真／假

8. 1968年，有人将一头奶牛吊上了塔顶，以此来鼓励人们多买牛奶、黄油和奶酪之类的乳制品。

真／假

9. 1967年，巴黎的一位顶级厨师将一只老鼠从地面升到了塔顶，这位厨师是为他新开张的"飞鼠"饭店做开张宣传。

真／假

10. 每年，铁塔都要完成一次自己的壮举——自动升高！

真／假

1. 真。

2. 真——但不幸的是，蒙西埃·雷菲尔德自制的"披风远征号"设备在飞行时失控，他在一大批的观众面前飞向了死亡的地狱。他以巨大的力量撞在地面上，撞开了一个足足有30厘米深的大洞。事后，医生检查了他的身体。医生说，雷菲尔德也许在撞到地面以前就已因心脏病突发身亡。

3. 假。

4. 真。

5. 真——莱昂几乎成功了，但在最后时刻，他被太阳光照花了眼。因此，他只好向左转，接着撞到了一根无线电天线，飞机马上着火了，莱昂也命丧九泉。

　　6. 真——这次，这位美国飞行员成功了，他成功地飞过了两个塔墩之间的间隔而没有发生任何事故（他一定戴了太阳镜）。

　　7. 真——作为铁塔75岁生日庆祝的一部分，登山队员们登上了铁塔。

　　8. 真。

　　9. 假。

　　10. 真——在炎热的夏天，铁塔会因受热膨胀而自动升高约17厘米——但在天气变冷时，铁塔会自动收缩至正常水平。

　　另外一座在埃菲尔的帮助下兴建的纪念物是一尊巨大的金属女人像——它就是"自由女神像"。

　　自由女神虽然是美国最著名的标志，但她却拥有法国国籍——因此，她早晚都得办理一些必要的申请手续，才能正式移民。

美利坚合众国
居住权与护照签证申请

（请回答所有的问题）

姓　名：自由女神像

住　址：美国纽约港，自由岛

最高荣誉：美国最著名的标志

身　高：93米

鼻　长：1米

腰　围：11米

眼　长：0.8米

右臂长：13米

脸　宽：3米

肤　色：原为紫铜色——由于在具有腐蚀性的湿气中站立了100多年，现已成为绿色。

显著特征：嗯，我……右脚脚底下有一扇门，你知道的，我再没有什么别的古怪特点了！

内部显著特点：我的身体内部从脚到头有一座螺旋形的楼梯，游客们可以顺着这条楼梯往上爬。在我的头顶内部，还有一个观光台。如果你在里面问一声我叫什么，我就会回答："自由女神。"

出生地：法兰西

来美国的原因：法国人把我作为礼物送给美国人，以纪念他们摆脱英国统治，取得独立战争胜利100周年。

来美国的方式：我是在法国组装完成的……然后又被拆成许多碎片……接着被装进200多个大木箱里，运过大西洋……最后又重新组装成的！你知道吗？当一座民族纪念碑可真是不容易！

塑造者职业：

建筑师

雕刻家

工程师

主要雕塑者姓名：

古斯塔夫·埃菲尔：他为我建造了内部骨架——那是一个支撑着我"皮肤"上300多张黄铜薄板的1700个框架结构，这些薄板都只有小硬币那么厚，我想我的骨架可能是埃菲尔建造铁塔前的一次试验。

弗雷德里克·巴托尔迪：他为我雕刻了很多土制模具，然后又把铜片贴在那些根据模具制成的"模子"上，最后再经过金属工人打磨。我的制作过程需要花费几千道复杂琐碎的工序。实际上，他们整整为我工作了21年——但我相信我一定是物有所值，你说呢？

模仿的原型：我的脸部模仿巴托尔迪的母亲，我身体的其他部分是仿照古罗马雕塑建成的。

"在世的"亲属：在巴黎塞纳河河畔，有一位比我小的妹妹，我俩长得非常相像。

手提行李：左手——上面刻有美国独立日——1776年7月4日的大石碑。上面的文字是用凿子凿出来的。
右手——燃烧的火炬。

头饰：头顶王冠上有7根发散的线条，代表自由，意为越过七大洋，传播到五大洲。

职业：高举"真理之光"（燃烧的火炬），作为人类追求真理、自由和平等"理想"的象征；作为航灯迎接一批批乘船来到美国的新移民和游客。

第二职业：象征着19世纪建筑和工程技术的巨大成就，没有它们，就没有我的今天。

健康问题：我的右臂酸疼得要命——那个火炬肯定有一吨多重！

　　埃菲尔的学识真是渊博极了，他在新材料和建筑方面都特别在行！在建造伟大的埃菲尔铁塔之前，他就做过很多别的工作——比如，自由女神像和其他各种各样的桥梁建筑。谁叫他们是干这一行的呢？——作为建造师、建筑师和工程师，他们必须拿出新材料、新本事，只有这样，他们才能将自己的梦想变成不可思议的现实。

古代罗马建筑

一位著名的建筑师说过："建筑的本质就在于它的坑坑洞洞。"建筑者们长久以来面临的一个问题就是怎么挖这些"坑坑洞洞"，怎么做建筑内的入口。有了这些"坑洞"和入口，人们才能自由进出；但还得保证这些出入口不会影响整幢建筑，特别是别把建筑弄塌了。

古代的一名建筑师要想在墙上开一扇门或窗，他就必须用一根木头或石制的横梁将它支撑起来，这些支撑物就是我们所说的"过梁"，它可以阻止某部分墙体的倒塌。开口越大，过梁就得越大，建造的难度也就越大，因为那时的建筑工人既没有大猩猩那样的长臂，也没有推土机和吊车之类的现代机械做帮手。

罗马的建筑者们并没有采用巨型过梁，而是用"拱圈"这一形式。实际上，古代埃及人和希腊人在他们之前就已采用了这项有效的技术。但最有雄心壮志的还是罗马人——他们通过不断地改进提高，使得拱圈这种形式更加多样化、更加有效，这样就能造出更大、更完美的建筑。

探索罗马建筑艺术

　　罗马人建造大型的拱圈，并称它为"高架桥"。这些拱圈架在山谷或河道上，支撑着公路，就像下图中那样……

　　还有看起来像下图的"输水道"，常有河水从中通过……

　　他们还把拱圈拓宽，成为我们所说的"拱顶"……

他们还建造了半圆形拱顶，称之为"筒拱"，如下图……

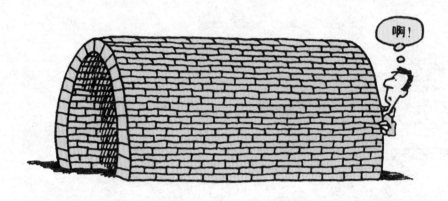

他们将筒拱进一步联结成一体，组成"十字拱"，如下图……

18

　　既然拱顶建筑如此牢固，又那么好看，你一定会问，那为什么不把现在所有的超级市场都做成拱圈建筑呢？是这样的，现代的建筑者们已能够用钢筋和水泥制成的过梁建造大型豁口，而且也有了更好的方法将它们放上去。

部分罗马建筑的真相

　　古埃及人和希腊人用石头造出了很多伟大的建筑，石头通常是难以处理的——在使用前，必须先将它们打制成形。一种更为简单的解决方法就是利用一种能注入到某一地方，然后凝固硬化成石头一样的液体建筑材料。

哇！液体材料，这下全部解决了。

只会顾着你自己！

聪明的罗马人用下面这种方法发明了的确无比坚固的"液体岩石"……

所需材料：

▶ 火山石

▶ 燃烧过的石灰石

▶ 沙子

▶ 石块

▶ 水

制作方法：

将各种材料充分混合，然后将它倒入你所希望的模具中，让它们凝固——注意别让狗或小孩子接近，防止他们踩进去留下脚印。

其实，我们今天所用的建筑材料也是这种混合物的一种……我们把它叫作"水泥"，罗马那座充满血腥味的大竞技场，就是人们用这种"水泥"建造起来的……

大竞技场

建于公元72年至80年间

地下设施——分隔栏和走廊用于关放野兽和角斗士，由过梁和筒拱建成。

76个编号入口——门票上有入口和座位编号，这样人们就能迅速地进出。

死亡之门——死者和垂死的人都从这里拖出去。

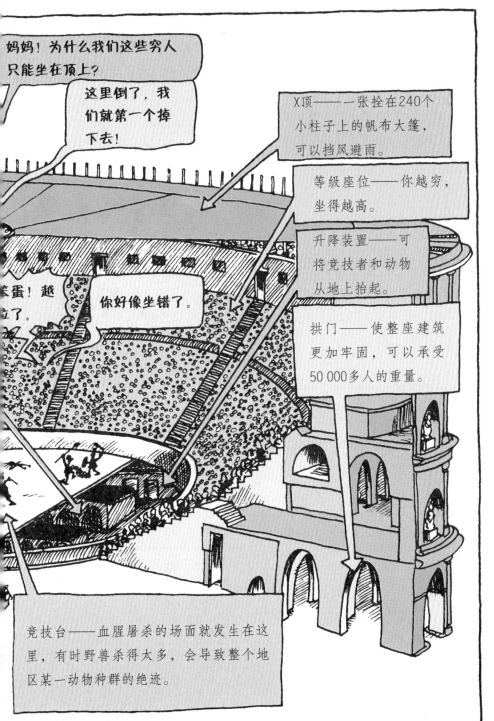

妈妈！为什么我们这些穷人只能坐在顶上？

这里倒了，我们就第一个掉下去！

X顶——一张拴在240个小柱子上的帆布大篷，可以挡风避雨。

等级座位——你越穷，坐得越高。

升降装置——可将竞技者和动物从地上抬起。

拱门——使整座建筑更加牢固，可以承受50 000多人的重量。

你好像坐错了。

竞技台——血腥屠杀的场面就发生在这里，有时野兽杀得太多，会导致整个地区某一动物种群的绝迹。

大竞技场建在一个干涸的湖泊里，有时为了娱乐，可以通过一条输水道向竞技台上灌水，这样就能进行海战表演了。古罗马皇帝提比略曾组织了一次无比壮观的演出，动用了100多条船只、19 000个人。

今天的大竞技场只是一大片废墟，坐落在罗马的市中心。如果游客们想看到痛苦的拼死挣扎，听到惊心动魄的喊杀声，那他们只能去参加意大利的流行音乐会了。

没有真正的流血，感觉就是不一样！

令人吃惊的真相

罗马人如果厌倦了观看角斗士们和野兽在竞技台上被撕成碎片的情景，那么他们也许可以成群结队去看看一级马车赛。可如今却不行了，环形的马车赛场已不复存在。事实上，这里一整套分层座位已在公元2世纪毁于一旦，在那次事故中，共有1000多名观众丧命（他们那时正激动地跳上跳下）。公元4世纪时，它又遭受了一次劫难，这一次的罪魁祸首却是被称为"粉碎工"的汪达尔人和哥特人……

当心……粉碎工来了!

罗马帝国统治了几个世纪后，开始崩溃了。不过那些建筑可没有随着它而崩溃，因为它们建得太牢固了！随后入侵的部落如汪达尔人和哥特人，挥舞着长剑，高举着大斧，全副武装，由北向南横扫整个欧洲大陆。他们一路上所做的最为"伟大"的一件事就是将罗马帝国800年的建筑成果彻底粉碎，变成一大堆铺路用的小碎石。但是尽管他们费尽心机，在将近两千年后的今天，古罗马帝国的很多建筑还是被保留了下来。

滚吧! 滚吧! 大骗子!

每年都有成千上万的游客花大笔钱前来参观像埃菲尔铁塔、自由女神像和大竞技场这样的超级大建筑，这同时也为经营和掌管这些地方的人提供了难得的发财机会。不管怎么说，拥有一座建筑总能让人的腰包鼓起来，特别是你用低价买入、高价卖出时。不妨设想一下，假如你能拥有世界上一处伟大的建筑，你一没有零花钱，就把它卖掉，那可多好啊！听着，阿瑟·弗格森就是这么干的！他是一位退休的演员，当然他并不是真的拥有世界上这么一座建筑，他只是假装拥有……然后将这些建筑"卖给"有些笨得可以的傻瓜，信不信？世上真有愿意为此出钱的白痴呢！

事情的经过是这样的……

23

25

1930年阿瑟出狱。这些建筑当然没有被他卖掉，但他却靠着这些"高明"的骗术在美国的洛杉矶度过奢侈的一生，直到1938年去世。

还有一座建筑，阿瑟要为它找到买主可不容易，那就是中国的长城。长城是由中国的第一位皇帝——秦始皇于公元前3世纪建造的。

说说长城

中国的长城是世界上最伟大的建筑之一。据说，它是唯一能在外太空看到的地球上的人工建筑。

秦朝统一中国以前，中国的边境上就已经有很多的城墙，但它们那时候还没有连在一起。这些没有城墙的地方就经常受到来自北方的匈奴人的袭击和侵扰……

事实上，秦始皇并没有亲自建造长城，他靠的是30 000名苦力的劳动。他和这些劳工各有分工，他想出一些庞大的计划，然后让这些苦力拼死拼活地去实现。长城有时又被称为"血肉长城""世界上最长的坟墓"，就是因为在修建长城的过程中，有很多的劳工死于非命。据说甚至有人被活活地埋在了长城下面。

秦始皇对长城的质量要求非常苛刻——据说，要是哪位工匠敢让石头之间留着大得能插进手指的缝隙，那名工匠就得在那里被活活吊死。

抵御来犯的八大步骤

1. 在你们国家的北方设定城墙的路线——越过山脉，穿过荒无人烟的沙漠，跨过臭气熏天的沼泽地——最后总长达到八千多米（还不包括转弯和拐角）。千万别忘了设立营地和修大路，这样才可以运送工人、食物和原料。

2. 沿着城墙的路线建造25 000个瞭望塔，这样能保护工人们，使他们不会受到那些反对在此修建城墙的外族人的攻击。

3. 在两个弓箭射程距离内的间隔处建瞭望塔，这样弓箭手们就可以防范一切入侵者。

4. 在瞭望塔之间为主城墙挖墙基。小心，有时候风沙会很大，有时候墙基挖了十六七次后，挖出的泥土总是又被刮了回去，这可让人受不了！所以，最好事先建些挡风墙——一堵薄墙就可以了！

5. 用泥土和沙石建造城墙的主体部分，外面再用岩石和灰泥浆再砌起一层。

6. 把墙体用砖板或石块封住。城墙应该足够宽，可以让10名步兵并排行进，军情紧急时，还可以让5名骑兵在城墙上并驾齐驱，从而以最快的速度赶到出事地点。

7. 在西北面的墙上建造2米高的护墙，两个护墙间应空出来一段，士兵们可以从这里发箭，或向外来攻击者抛掷巨石。在西南面的城墙上也需要建造护墙。

8. 命令看守城墙的守卫部队利用烽火互相联络，设立警示暗号。比如：在有中等紧急军情时（有500名敌军向城墙靠近）——就点燃一簇烽火。

如果确实有十万火急的军情——例如，来了一支有一万多人的重型装备部队（全都留着长长的胡子和可怕的头发），正在准备侵犯你的国家——就点燃四簇烽火。

本章小结

今天，游览长城的人络绎不绝，于是长城上开始人满为患。世界上很多的超级大建筑都遇到了这一问题。伟大的建筑总是有伟大的魔力，人们情愿排队等上几年，甚至有时候绕过半个地球前去观光，为的就是一睹它们的风采和神姿！

人间天堂

人们往往有一种强烈的愿望：为他们心中的神灵建造"人间的天堂"。于是他们就建起了很多不可思议的建筑。你知道吗？造这些建筑的人都相信，神至高无上。因此，他们会费尽所有的心血，把这些建筑尽量建得雄伟壮丽。

2500年前，古希腊人建成了迄今为止世界上最著名、最辉煌的神庙。

帕提农神庙——卫城之巅的庙宇

公元前5世纪初，雅典的希腊城邦与当时的波斯帝国（今伊朗）发生了战争。希腊人为保卫家园进行了殊死的斗争。但是，

31

最后波斯人还是占领了雅典圣山上所有的庙宇（圣山就是我们现在所说的"卫城"）。

雅典人被打败了（他们的神庙也未能幸免于难），但他们绝不会善罢甘休。公元前449年，他们联合其他的希腊城邦，一鼓作气击退了波斯人。胜利的来临让他们欣喜万分，他们决定为他们的战争和智慧女神雅典娜建造一座真正气派的神庙——帕提农神庙。他们嘴里高呼着："感谢你啊！雅典娜……我们知道你一定不会让我们战败！""瞧瞧我们，我们雅典人又站在了世界的巅峰上！"

帕提农神庙——建筑纪录

1. 公元前447年，采用质地非常坚硬的大理石开始建造，至公元前432年完工。

2. 以前的希腊神庙，通常规模较小，大部分用木材和泥土混合建成。

3. 建造帕提农神庙的大理石是从离卫城6千米的特里库山上开采的。

4. 大理石由牛车拉到圣山上，有些石块非常大，装到车上后要用30头公牛才能拉上山。

5. 工匠们将大理石凿切成形。

6. 由奴隶们将它们拖到需要的地方。

为了让它无比出色……所以我们把它建在斜坡上！

帕提农神庙建在卫城的山尖上，山下的人在市场里就可以看见它。古希腊聪明的建筑师们知道，神庙要是按照往常的比例建造，人们在下面看到它一定会说……

在山下忙忙碌碌、来来往往的人们要是抬头看见这么一座神庙，他们绝对不会心生敬畏，他们只会暗自发笑。

因此，建筑师伊克蒂斯和建造者菲迪亚斯不得不将神庙建成这样……

> 我们必须把拐角的柱子造得粗些，将神庙的基石弯曲，还得让其他的柱子中间凸出，并略向里倾斜。只有这样，才能造成一种视觉上的错觉，神庙看起来跟正常的形状一样。

加粗　弯曲　中间凸出

一切都简单得难以置信，你说呢？

说说柱子

帕提农神庙由柱廊——一排排圆柱包围而成。这是希腊人第一次用柱子来支撑建筑物，也是设计师们一次成功的尝试。下面就是这一伟大建筑构想的形成过程……

1. 早期的希腊神庙（和房屋）都是用经过烧制的土块建成的。这样，它们就不会被暴雨冲成一堆堆淤泥。这些神庙的顶部常常有一个由树干支撑着的、悬空的庙顶。

2. 希腊人非常喜欢这种由树干支起来的屋顶，于是他们不断地增加支撑木的数量，最后一直扩展到整座建筑的外围。

3. 当希腊人开始在岩石上建造各种建筑时，他们决定将这种树干支撑的设想保留下来。但是，他们用的可不总是树干，后来就是用石制的大理石支柱来代替。所以柱子就从木头柱子变成了石头柱子。

4. 古希腊人总是千方百计让他们的神庙看上去非常独特。后来他们开始对石柱进行装饰，在柱顶上设计了精美的图案，这些设计就是我们所说的古典"柱式"——它们是建筑上一整套"法则"的组成部分，后人进行了各种设计，全得按照这些法则进行。

下面就是这些"柱式"——帕提农神庙采用的，也是这几种柱式……

多立克柱式　　　爱奥尼柱式　　　科林斯柱式

绝对的经典

1889年，著名的旅游指南《导游手册》这样写道：帕提农神庙是……

The most perfect monument of ancient art and even in ruins is an imposing and soul stirring object.

PARTHENON

古代艺术最完美的纪念丰碑；即使是在废墟中，它也能给人强烈的感染力。

希腊的建筑师们已不单单是建筑的设计者，他们同时也是出色的艺术家，他们希望建筑不仅赏心悦目，还应给人以启发和震撼。他们坚持在形式和比例上的重要既定法则。

从那时起，古希腊的建筑风格和随后产生的罗马风格（它从希腊风格中得以借鉴）就成为主宰建筑学的风格，它对于之后大约2000年的欧美建筑产生了广泛深远的影响——直到20世纪初，仍是全世界最流行的建筑风格之一。

建筑亮点

你在四处闲逛时，如果擦亮眼睛，就会发现身边的许多建筑是按照古典风格建成的，至少他们的设计中有那么一点点的特色。例如，要是你镇上的礼堂是在20世纪前建成的，它就很可能有一个像帕提农神庙那样的柱廊。

伦敦的大英博物馆就是希腊复兴建筑中最美的一个样本。博物馆的正面，圆柱分布密集，完全是希腊神庙入口的那种令人惊奇的模式——它几乎可以称得上帕提农神庙的一个化身！但你千万不要上当，它只不过是个复制品，不过在里面，倒确有一些真品。

建筑的感染力

你有时也许会发现，现代的房屋安上古希腊的柱子，会产生一种庄严肃穆的感觉。不过，有些人却觉得它们实在太稀奇古怪了……

如果你家的房子恰巧也是这样的，你千万不要生气，更用不着离家出走——因为这不是你的错，只能说明你的父母缺乏艺术细胞——你只要趁着他们周末外出时，在那些柱子旁边种上一些长得很快的灌木就行了！

辉煌的成就

"教堂"一词，在希腊文中的意思是"神灵的帽子"，在中世纪时期，欧洲开始兴建"上帝之屋"——即大教堂。即使是在高楼层、高技术建筑遍布的20世纪后期，我们仍会为中世纪那些在没有任何现代器械的帮助下建成的低楼层、低技术的建筑赞不绝口。而且可以想象，那些建筑在当时也必然是惊世之作。

有关大教堂的令人吃惊的真相

▶ 大教堂常被形容为"石头里的祷告"。它们是人们为了举行公共的宗教活动、表达对上帝的敬仰而修建的。

▶ 在集市繁荣的城镇里，人们经常建造大教堂，以此来表达他们对上帝的感恩，感谢他把城镇变得欣欣向荣。

▶ 建造大教堂的费用高得惊人，有时甚至还需要花费100多

年的时间，有时一项工程还需要几代的建造者来完成。

▶ 通常情况下，如果要建一座大教堂，镇上的人都会纷纷前来做一些捐助，他们有钱的出钱，有力的出力，有的人还会捐一些建筑原料（如一桶沙、几块砖、一些钉子之类的东西）出来。

▶ 大教堂刚建时大多数人还不会读书写字，而且更糟糕的是，他们根本听不懂牧师的布道，因为当时用的全是拉丁文，这种情况直到中世纪后期才有所改观。

▶ 大教堂（还有其他一些礼拜堂）都装着染色玻璃窗，还有记述着《圣经》里的场景和故事的雕刻品和壁毯。这为人们了解他们自己的宗教提供了很好的途径。

39

▶ 大教堂就像是主教们的总部，这些主教掌管着整个教会——大教堂里也经常收藏重要的圣物，如少量的圣袍和圣骨等。

▶ 教堂的大尖塔高耸入云，在几英里外的远处就能看到——但现在它们有时会被一些巨型的办公楼和购物中心所遮挡。每天，各自奔忙的人们只要一看到教堂的塔顶，就会想起他们的信仰。

▶ 不幸的是，随着时间的推移，人们开始拿大教堂互相攀比起来……

不可思议的事实

1507年，教皇尤利乌斯二世准备重修罗马圣彼得大教堂，可这需要花很大一笔钱。于是，他想出了一个"绝妙"的主意。他告诫人们要为自己赎罪。不久，教徒们就纷纷前来为他们所做的错事忏悔。他们必须为此交纳一些现金，否则，他们就得说无数遍的"圣母玛利亚"。这种"交钱或者做祷告"的做法就是我们现在所说的"免罪"。所以，如果有人到当地的牧师那里去忏悔，后悔他忘了喂金鱼或杀害了西西里岛上的人什么的……或其他诸如此类的事情，牧师就会对他说……

好吧！这次我让你走，不过你得先交5000里拉作建筑费！

在13世纪，法国北部莱姆的大教堂是当时教会建筑最杰出的代表。当时，英国国王亨利三世就想按照它的规模重修威斯敏斯特教堂。可惜的是，国王的手头不太宽裕，于是他就决定对人们加重罚款以筹足资金。有一次，林肯郡的一位女伯爵死了丈夫，亨利三世就命令她为重修威斯敏斯特教堂交纳4000英镑，否则，他就下令将她的宝贝儿子从她身边永远地带走……

建筑亮点

大教堂里随处可见的迷人特征

1. 屋顶凸饰 由天花板和肋拱交会处经过雕刻的一组环形集柱构成——常常描绘着鲜花形状和《圣经》里的场景。

2. 拱顶 大教堂房顶下侧的弓形部分。

3. 玫瑰窗 圆形的窗户装饰着金光灿灿的染色玻璃——看上去就像绽放的花瓣。

4. 肋拱 它是坚硬但很轻巧的一个石拱框架，可以支撑屋顶。

5. 人像 名人塑像（通常躺着——多为已死去的本地人）。

6. 地板花砖 地板由彩色瓷砖铺成，瓷砖上画有彩色图案，它们有时铺成迷宫的形状。

7. 滴水嘴 按照脸的形状制成，可直接通过墙壁排出雨水——常常做得非常丑陋，据说这样可以吓走妖魔鬼怪。雕刻匠们有时也模仿某位有名的大主教或另一个工匠的脸，这样制成滴水嘴，看起来非常滑稽有趣。

8. 闪光物 把锂条（一种软金属）镶嵌在教堂外面，用以封住屋顶和墙壁间的缝隙。

9. 飞扶壁 它不是中世纪摔跤场的护栏——当然更不是真的会飞！

飞扶壁有什么作用?

1. 屋顶不断对墙壁施压，这些狭窄而精致的飞扶壁起到了支撑墙壁的作用。

2. 它们将来自天花板的压力转向地面，从而减轻了墙的负担。

3. 之所以称为"飞扶壁"，是因为它们起着承受来自教堂内重力的作用。

43

你敢不敢亲自做一个滴水嘴?

所需材料:

▶ 能自动硬化的模具黏土

▶ 镜子

制作过程:

1. 张开嘴,对着镜子,做出一个极其夸张的表情。

2. 按照你的脸部表情做成模具。

3. 一定不要忘了在滴水嘴顶部留个洞,这样雨水才能通过这里流出来。

4. 让黏土干燥硬化。

5. 将滴水嘴放在流水下面,测试一下它的性能。

6. 放松你的脸部肌肉,恢复那灿烂迷人的笑容。

太棒了! 不过到底哪个是滴水嘴啊!

带你参观6座伟大的教堂

1. 伦敦圣保罗大教堂

圣保罗教堂是伦敦的第5座教堂(那里以前可能是一座罗马神庙)。17世纪,重修前的圣保罗教堂显得破旧不堪,教堂里有市场和商店,甚至还有马戏团在那里表演顺着梯子爬到钟塔顶上的绝技!

1666年,大教堂在一场大火中严重毁坏,只好重新修建。克里斯多弗·雷恩为圣保罗大教堂进行了重新设计。重建后的圣保罗大教堂曾在"第二次世界大战"时期的一张照片中出现，这证明了在那次"闪电战"中，大教堂丝毫没有受损，而旁边的很多建筑都遭到焚毁。据说德军轰炸机飞行员甚至还用它来辨别方向……

2. 法国沙特尔大教堂

始建于公元1195年，整个工程只花了35年时间。教堂足以容纳18 000人，有173扇染色玻璃窗绝对是世界上最漂亮的。此外，它还拥有10 000尊塑像和一块据说是圣母玛利亚戴过的面纱。

3. 英国德拉姆大教堂

建于公元1093年，1133年完工，它是为安放圣人卡思伯特（635—687）的遗体而建造的。过去，教堂的周围有一排十字架，那些逃脱法律的人可以去那里寻求"庇护"——只要他们跑过十字架，便可以在那里待上35天而不被逮捕。

一份周日报纸曾将它评选为不列颠最美丽的建筑——这么好的地方难道你不想去看看吗？

4. 美国纽约圣约翰教堂

始建于1892年，至今仍未完工。政府建造教堂的本意是花钱让本地的穷人们的生活更加充实丰富，而不是建造像飞扶壁、拱圈和滴水嘴这样的一些没有用的东西。

5. 法国的巴黎圣母院

始建于公元1163年，据说它是哥特式建筑的典型代表。它的正对面有一对钟塔，主入口的上部设有巨大的玫瑰窗。在中庭的上方有一个高达百米的尖塔。院内有突出的拱圈、飞扶壁，建有高高的天花板，还有很多的窗子……小说《巴黎圣母院》对这座建筑进行了重点描写。巴黎圣母院同时也是中世纪的一个"避难所"。在法国大革命时，屋顶的很多铅皮被拆下来，用来打造武器。

47

6. 巴塞罗那的萨格拉达教堂

即使你有四双眼睛，你也不会相信眼前看到的一切。它活灵活现地挺立在你面前，到处都是流动的影像和线条，有人说它是"石头森林"。教堂的建筑师安东尼·高迪（1852—1926）从自然界的万物，如植物、岩石和大海中汲取了灵感。在教堂的建筑表面，有很多怪异荒诞的形象，如树叶、飞鸟、爬虫及幻想中的昆虫和婴孩等。该教堂于1884年开始修建，整个工程至今尚未完成一半。

令人吃惊的真相

为了使婴孩的形象更加逼真，安东尼甚至去了当地的停尸间要来了几个死婴，用来印制水泥模具。

谁能造出最好的圆屋顶？

并不是所有的大教堂都有一个尖塔顶—有一些大教堂，如圣保罗就没有造尖塔。它采用的是一个巨大的圆盖顶。在文艺复兴时期（公元14世纪到16世纪），意大利佛罗伦萨市政府决定为他们的新教堂建造一个世界上最大的圆穹顶。

不过，他们到底还是遇到了一些问题……

1417年，佛罗伦萨市为寻找一位能造出最完美的圆穹顶的建筑师举行了一次竞赛，一位聪明的花花公子想出了这么一个主意……虽然最终没被采纳，却真的令人佩服！

把圆穹顶建在一块埋满金币的地里，这样以后想找金子的人就得先把土挖掉。

金匠兼建筑师菲利波·伯鲁乃列斯基想到了一个更好的主意……

我不用搭台架就能把它造好！

哇！

怎么造？

为了击败所有的对手，菲利波又想出了一个主意，他建议把所有的参赛者召集在一起，谁要是能把鸡蛋立在一块光滑的大理石上，就算谁赢。不可思议的是，政府居然同意了他的建议。

其他的人谁都没能将鸡蛋立起来，只有聪明的菲利波做到了，他把鸡蛋的一头只在大理石上轻轻一磕，鸡蛋就站立起来了……

你们都不会煎蛋卷吗？

太棒了！这份工作是你的了！

菲利波和一位名叫洛伦佐·吉贝尔蒂的建筑师一起工作，对此，他感到很不高兴，因为他想自己一个人说了算，于是，他想到了一个计策……

洛伦佐只好一个人掌管一切了。接着，问题来了一个又一个……哎！这种事情总是这样的……

这样就只好再请菲利波回来，由他一个人来管理整个工程，下面说说他那绝妙的主意是怎么实现的……

▶ 他建了两个圆穹顶，一个在里，一个在外，两个圆穹顶相互连接在了一起，里面的那个还能支撑自己，这样一来，外圈大穹顶的重量就被大大减轻了，连接在它们之间的是一个石制的肋拱。

▶ 虽然穹顶还是很重，但它借助于铁和石头制成的大型锁链可以保持自己的形状——而且不需要用飞扶壁支持。

▶ 菲利波还不可思议地发明了一种由动物牵引的起重机，它可将地面上的原材料吊升到由人力拉的起重机上去，然后再将它们升到施工位置。

▶ 菲利波在穹顶里面建起了饭馆和酒店，这样工人们就不用为了吃饭而一会儿上去，一会儿下来，白白浪费时间和体力。

圆穹顶于1420年开始建造，1434年完成。（在文艺复兴时期，其他的建筑没有一座能造得这么快的！）

51

令人惊叹的宗教建筑

1. 印度尼西亚爪哇岛的波罗布都大佛殿

该佛殿建于公元8世纪至9世纪，它位于一片丛林的中央，仿佛就像从天上"扑通"一声掉下来的一块长方形的婚礼蛋糕。佛殿上建有许多个围了墙的平台，平台上雕刻着成千幅的装饰画，上面画着佛祖的生活场景。

由于当地发生了地震和火山爆发，这座佛殿曾一度被弃用，它在1814年被重新发现。在20世纪七八十年代的重建过程中，人们用一台计算机来计算100多万块被清除出来的石头原来的准确位置，目的是为了让佛殿尽量恢复原貌。

好极了，没有一块石头被放错！

噢……我可有条坏消息，我们把计算机丢了！

2. 伊朗伊斯法罕大清真寺

该寺是17世纪兴建的，位于伊朗的历史名城伊斯法罕。它像其他清真寺一样采用圆顶拱架结构，两旁有两个供神职人员登高呼唤教徒做礼拜的尖塔。这两个尖塔特别高。

清真寺的立面布满精美纹样的琉璃镶嵌，使它显得极其精致、华丽。

咔！……喀！

你说你嗓子哑了，是什么意思呢？

3. 印度东北布巴内斯瓦尔境内——林迦拉贾庙

林迦拉贾庙约建于公元1000年。它的布局要比城内其他的庙宇复杂得多。在林迦拉贾庙的围墙内，有一系列的厅堂和房间。主塔建得像一个极高大的蜂箱。庙宇的外部布满了数以千计的雕刻和动物小雕塑。

53

4. 柬埔寨吴哥窟

吴哥窟是世界上规模最大的宗教建筑，它是为纪念印度教米苏努神而修建的。吴哥窟在12世纪建成，1431年被弃用（太奇怪了），直到19世纪法国的冒险家来到这里后才被重新发现。当时，他们在雨林的树顶上看到了耸立的高塔，它只是这座庙城的一部分。吴哥窟里有可供100多万人居住的房间。

5. 埃塞俄比亚的拉里贝拉石雕教堂

这里的11座教堂建于12世纪，它们像大得可以走进去的雕塑品。每座教堂都是用一块巨大的岩石凿出来的，通过地下通道相互连通。教堂里的地面向外倾斜，这样就可以让夏天的雨水迅速流走。整座教堂都雕刻成希腊的十字架形状。

6. 土耳其的哈吉亚·索菲亚

哈吉亚·索菲亚是世界建筑史上一座丰碑。它是迄今为止保存完好的世界奇迹之一。哈吉亚·索菲亚曾相继被用作基督教教堂和伊斯兰教清真寺，但现在它是一座博物馆。它是公元532—
537年间由罗马皇帝查士丁尼一世下令修建的。哈吉亚·索菲亚有
一个直径30米，高50米的大圆穹顶屋盖。罗马历史学家普罗柯皮
乌斯说它就像"一根从空中悬挂下来的金锁链"。

本章小结

　　建造寺庙或教堂来崇敬神灵，从来都是一件严肃的事
情——绝不允许犯一些异想天开的错误。建筑师和建造者需
要精心策划，以保证整个工程万无一失。然而，有些愚蠢的
建造者却从来没有这样认真地想过……

55

愚蠢的建造者

　　你在每天上学的路上，一定会看到成百上千的建筑，它们有些门上没有上铰链，有的地砖开裂，有的铺盖着过厚的墙砖——但这都是些小问题，无关大局，这些建筑怎么说都还算是正常的。然而，确实有那么一些建筑，它们一点都不寻常——简直是古怪无比！18世纪和19世纪的英国就有许多这样怪异的建筑，那时，一些钱多得没处花的达官贵人在建筑方面开始发狂，他们总要找一些愚蠢的建造者造一些愚蠢的建筑，这些建筑常常耗资巨大，却一点用处也没有！

怎么变得这么"愚蠢"？

　　威廉·贝克福德就是这些"愚蠢"建造者中的一员。其实威廉从小并不愚蠢——他是在长大后才染上建筑癫狂症的。1770年，就在他刚满10岁时，父亲死了，留给他一块牙买加的甘蔗园，一些乡下房屋和一星期2000英镑的零花钱。（只是为了不让他缺钱花！）

　　以下就是威廉如何打发时光和花掉金钱的……

▶ 跟随莫扎特学习音乐。

▶ 写了一本浪漫小说《凡赛克》（曾得到拜伦的高度评价）。

▶ 师从著名建筑师乔治·科曾斯爵士学习建筑设计。

▶ 带着私人医生、面包师、5个用人、24位乐师和名叫弗雷小姐和法特尔太太的两条狗环游欧洲，观看各种建筑！

▶ 在西班牙和葡萄牙见到的修道院和大教堂着实让他激动万

分——尤其是那些塔顶特别高的建筑。

▶ 他结束了在欧洲的漫游，回来后就变成了"建筑狂"，嘴里还老是念叨着……

我要自己建一座神奇的建筑……再造一座塔。让人们一想到它，就兴奋不已！

……然后他在威尔特郡的芳特山着手建造了一座怪里怪气的八面塔大教堂。

怎样学习贝克福德"愚蠢"的建筑风格？

1. 在你的房子周围建上15千米长、4米高的墙，这样才能防止停车的人偷看你的"杰作"。

2. 找个建筑师为你设计，然后把他关于深挖地基之类的忠告丢到垃圾堆里去。要是你昨天想出了什么主意，今天就实施！千万不要有半点耐心。（记住，他的小说就是在3天内写成的！）

3. 利用木头和水泥作为你的主要建筑原料——因为它们建起房子来比用石头和砖块可要快得多。

4. 雇上500名工人，给他们足够的啤酒喝，因为这样才能让他们干活干得快点，同时又不会从支架上掉下来、互相打闹或睡着。

5. 当你那座90米高的塔，经过6年终于完工后，你就可以趾高气扬地看着你心爱的"高塔"。

6. 你建造的新塔非常高大雄伟，但却开始摇摇摆摆……开始踩起跷跷板……开始荡起秋千……最后，倒塌了，这时，你才有点担心起来。

7. 你于是耸耸肩，重新开始。这次只需花上7年的时间，便可用石头建成更牢的一座塔。

8. 在新塔的厨房里烧点东西，举行一次圣诞宴会，作为新塔的竣工典礼——然后听到了墙壁倒塌的声音，看到了厨房的天花板一块块往下掉。

9. 再造一次……最后把你第三座塔和剩余的财产全部卖掉，因为这时你已没钱用了。不过你会发现，第三座塔卖出后没几天也倒了！

10. 再造第四座塔——但是这次要挖一个适合的地基，并且建得矮一些，高度大约为40米。这样一来，也许就可以永远不倒，然后你就可以彻底放弃你建塔的雄心壮志了。

寻找隐士……免费居住！

另一个极度愚蠢、异想天开的建造者是英国地主查尔斯·汉密尔顿侯爵。查尔斯住在18世纪培恩山的乡村别墅里，他特别喜欢反常的建筑和狂野的绘画。他希望在自己喜爱的风景中颐养天年，于是他就在他400亩的花园里建起了各种各样稀奇古怪、傻气十足的建筑。其中包括一个中世纪的凉亭（避暑用）、一座哥特式神庙、一座纸做的希腊神庙、一座遭毁的寺院、一个巨型的罗马拱圈、一座哨塔、一个土耳其帐篷和一座中国式的石拱桥。作为最后一笔，他还建造了一座非常舒适的两层隐居楼，里面有一套专供静思用的房子。他现在所要做的，就是找一位和他情趣相投的隐士，于是他登了下面这则广告：

59

一流豪宅

专为有钱的闲人雅士创办的杂志
职位空缺
欲聘——隐士一名

你喜欢一个人独处吗？你喜欢整天不修边幅、彻底忘掉卫生健康之类的琐事吗？你喜欢读一本书读7年吗？对！是同一本，如果这样，你就是我所需要的人……因为我要招一名隐士，现在！

工作要求： 抛尘世——阅读《圣经》——沉思默想。提供隐居住处有隐居用品——《圣经》、跪垫（做祷告用）、舒适的蒲席（供休息）……外加食物和水。

月薪： 700英镑，7年隐居期满后一齐交付，免费提供迷人的制服——传统隐士的骆驼毛长袍，非常好看！注意——不提供传统隐士的长胡子和长指甲，应聘者需自备，此外，应聘者不得在聘用期间对其进行任何修剪——或偷偷用牙齿啃咬，否则将扣发所有工资！

招聘人： 萨里的考勃汉郡，培恩山的查尔斯·汉密尔顿侯爵。

尽管侯爵开出了相当优厚的待遇和工资，却只有一个人前去应聘。或许当时市场上隐士紧缺！

这位隐士在隐居楼里沉思苦想了3个星期后，去过一家客栈，从此就永远消失了。当然，查尔斯侯爵一定能经常见到他的。

鼹鼠的隐居生活

真可惜，波特兰的第五位公爵威廉·约翰·卡文迪什·本丁克·斯科特（1800—1879）当时并不在场，否则他也可以去应聘那份工作的。毕竟他也特爱独处——而且绝对是单独一人！这位公爵家财万贯，可就是特别怕羞！那么他是怎么做的呢？去参加自信心培训班吗？不！当然没有，他只是决定在诺丁汉郡

威尔贝克教堂（他家）中，挖一个巨大的地下藏身洞。他为了独处而进行的种种努力，真是令人难以相信。请你猜一猜：下面哪一个是真，哪一个是假？

他建造的东西……

1. 总长24千米的地下通道。其中有一段利用煤气照明，长约2千米，从他的马车房通向豪华巨宅的边缘！公爵去伦敦便可以通

61

过通道到达一个火车站，然后连人带马车一起装进火车车厢里。

真／假

2. 一个大型的地下舞厅，长53米，足够容纳2000人，但是从来没有用过，因为公爵实在太害羞了，他不敢邀请任何人来跳舞。

真／假

3. 一座地下图书馆，里面摆满了书，但是他从来没有看过。

真／假

4. 一间地下台球室，可以装下12张桌子，同样没人用过。

真／假

5. 一条从厨房通向起居室的地下铁轨，这是为运送公爵每天必吃的烤鸡用的——烤鸡做好后，厨师就把它放进经过特别加热的小卡车里，然后将它送到公爵的餐厅。

真／假

6. 一个大型的地上驯马场，养着100匹马……但却没有一扇窗子（当然肯定不是因为马也怕羞）。实际上，那些马根本没有被

骑过——无论是公爵还是别人，都没骑过这些马。因此，它们绝大部分时间被关在马场里。

真 / 假

公爵所做的一些改建

1. 住宅主要建筑（威尔贝克教堂）的每一个房间里都摆放着陈旧的家具、珍贵的地毯和绘画。公爵下令将它们全部堆积在仓库里。然后，他将所有的房间漆成糟糕的粉红色。他还在每个房间里建卫生间。

真 / 假

2. 他把信箱改成双层的——一层装"收进"的信，一层装"寄出"的信——这些信箱装在他卧室的门上，这样他就不用跟用人们见面，只要通过门缝的纸条就行。

真 / 假

3. 即使是医生也只能通过关着的门与他通话，很明显，这样一来做身体检查可就有点麻烦了……

真／假

4. 公爵总是进行很多的建筑活动。有一次，他请了15 000名工人给他干活。他对这些工人们总算还可以——付给他们优厚的工资，还给他们每人发一把伞，并让他们骑着驴干活。

真／假

全部为真。

64

世界上最排外的"高级"学校

你是公爵那样的人吗？你是否非常讨厌跟别人待在一起，特别是和你一起上学的那些令人讨厌的家伙？你要真是这样，人们就会说你是"孤僻的孩子"，那你一定希望能有一位像威廉·提拉默这样的爸爸。

1549年，威廉在英格兰苏弗克省牛津郡的家里建起了一座

6层的塔楼，作为他女儿艾伦的私人学校——这座私人学校可真是够"私"的，学校非常漂亮，但只有她一名学生。尽管如此，竞争还是很激烈的，老在"顶层"可不容易。每个星期一，艾伦总得从班级教室的"底层"开始学起，随着时间推移，她逐层上进——最后在星期天，总能到达学校的"最顶层"，以下就是艾伦一周的课程安排……

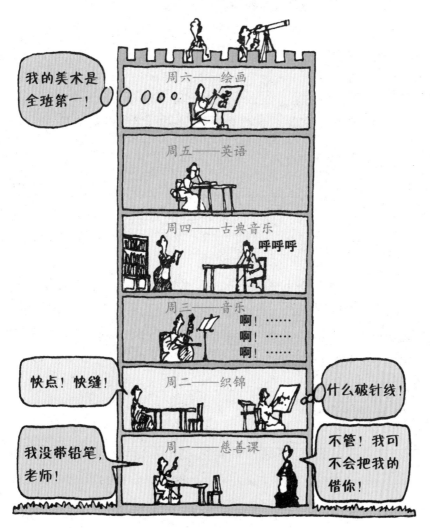

难得的窗户

艾伦在上课没劲的时候，还能看看窗外。兰卡郡的里山姆教堂在1752年至1759年建成的时候，却只是请来画家，在本该开窗的地方画上一扇扇假窗户就结束了。请你猜一猜，这是为什么。

1. 这又是一个傻瓜贵族建造者的馊主意。
2. 用来迷惑小偷。
3. 英国政府在征收"窗户税"。

答案

3。这项税收在1696年通过，人们只有花钱向政府买得"特许权"，才能在家里建窗子。假窗子能让房子好看些，而且不用缴税。

建筑亮点

留意一下一些老式房子里的"假"窗户——它们本来是18世纪一些企图逃税的人用砖头砌起来的。你也许可以带个大人一起去告诉房主，现在可以把窗重新打开了——因为这项税收已在1851年被取消了！

五大傻瓜建筑

1. **福勒的金字塔**　19世纪英国一位有钱的地主兼国会议员在苏赛克斯的教堂墓地里建造了一座6米高的金字塔。他说他死后要葬在这座金字塔中，坐在桌边，拿着一瓶啤酒，面前还要摆一只烤鸡（当然这些得在他死后）。他同时还说，要将碎玻璃片铺撒在他身旁，这样就能"驱赶妖魔"。而且还要确保不能让这些妖魔鬼怪够着桌子上的烤鸡！

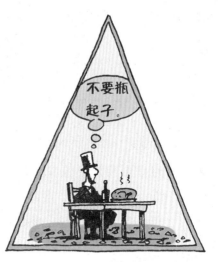

2. 三角房子　1593年，由托马斯·特雷瑟姆爵士在北安特思的鲁斯顿建成。托马斯显然认为"3"是人生最幸运的数字，所以他把房子建成3层楼、3堵墙，每堵墙上开3扇窗子，还有3个一排的尖塔，其他所有的东西都是3个一组……

3. 另一座金字塔——法里·唐，汉普那　它是波利特·圣约翰先生为纪念他的爱马修建的一座纪念碑。圣约翰先生有一次骑马时，前面的道路突然陷了下去，可这匹马反应神速，一下子蹦了8米多，跳过了那个深坑，从而救了他们两个的命。事后，圣约翰先生为这匹英雄马起了一个名字叫"小心的查尔

克·比特"。——最后，查尔克
终究还是死了，他就把它安葬在
一个金字塔状的坟墓里。

4. 索默塞特，伯顿·平
森特柱　这根高大的柱子内部有
一座螺旋形的楼梯，曾经有一头
奶牛走进这根圆柱，顺着楼梯往
上爬，最后就被封死在了里面。

5. 法林顿大建筑　1935年，由贵族伯纳斯设计并建造了这
座高塔，伯纳斯本来就想让它"一文不值"，他在上面贴了张告
示说……

所有从塔上跳下来自杀的人
须自己承担一切风险！

每个企图自杀的人看到这么一则告示，不免都会放声大笑，
于是他们的心情也就好起来了。

真正的抹灰匠

并非只有18世纪至19世纪性格怪僻的英国贵族们才会建造工程
浩大而毫无用处的建筑，并被人所耻笑。西蒙·罗迪亚1879年出生

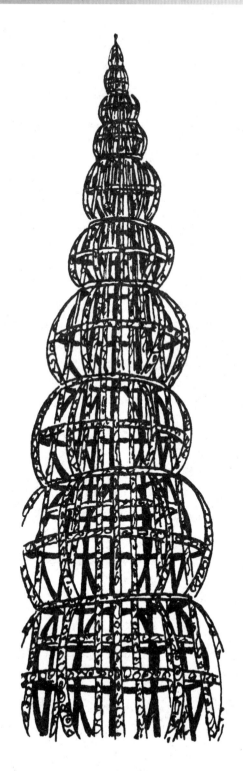

于罗马，1891年迁居美国，他靠修电话、铺砖为生，一生大部分时间都很穷。他说要想让世人在你死后记住你，你要么就得"特别特别的好"，要么就得"特别特别的坏"。罗迪亚说："我总是想做一些轰动的事情，我确实这样做了！"罗迪亚的确那样做了，他决定建造一些"很高很高"的建筑，同时它还要"特别的"引人注目！因此……

他没有用制图板进行设计，没有用建筑器械，没有搭支架——只是用他铺砖瓦时用过的工具和一条擦窗工人的皮带，他就是这么干的！

罗迪亚用许多管子架成很多塔，还装饰上他收集起来的破旧瓦片、盘子和贝壳。

1954年，这些神奇的高塔终于完成了——足足用了33年，然后他将它们全部给了邻居，从此在镇上永远销声匿迹了。

69

离奇恐怖的鬼故事

萨拉·温切斯特和她的丈夫奥立弗是幸福的一对——有一个活蹦乱跳的宝贝儿子，而且生活很富裕，什么都不缺。奥立弗的父亲曾靠制造和出售著名的"温切斯特"连发的来福枪大发了一笔财。据说就是这种枪帮助美国人在征服西部中获胜。不幸的是，这种枪同时也杀害了成千上万美国的土著居民，还有那些可怜的倒霉鬼。

然而，在1881年，两次可怕的悲剧事件粉碎了萨拉幸福美满的生活。首先奥立弗死了，接着是她的儿子。可怜的萨拉伤心欲绝，她怀着绝望的心情离开了那个令她伤心的地方，去见一位招魂师（宣称自己能与死人沟通的人），企图找到一些安慰和忠告。

"你已经鬼魂附身了，所以才会遇到那么多灾难！"招魂师听完她的故事后说道。

我想你误解了我的意思，你不是被一个鬼魂迷住了，而是几百个鬼魂！也许是几千个！

萨拉的脸色变得煞白，茫然无助地喘着粗气，一句话也说不出来。"是真的，"招魂师继续往下说道，"有人曾靠卖温切斯特来福枪发了财，如今这些死于来福枪的鬼魂来报复了，我在骨头里都能感受到它们，恐怕你就是他们的目标！"

萨拉快要疯掉了！如果有人告诉你有一帮鬼怪在后面追你，

你也会被吓破胆的，对不对？萨拉又能怎么办呢？她想她至少应该努力一下，做出一些抵抗，不让这些恶鬼得逞。她卖掉了她在温切斯特的全部财产，然后把她在加利福尼亚圣袭斯的全部房子建成了巨大的"捉鬼室"。

萨拉对房子进行了大规模的扩建——几十间几十间地增加房屋——另外装上了几百扇窗户，筑起大量迷宫般大的走廊。萨拉并没有就此结束，为了彻底吓走那些恶鬼，她还建了一些通向死路的楼梯，还有一些一开就能碰到一堵墙的门。

"每天晚上我都要在不同的房间睡觉！"她心里想，"这么一来，那些鬼就会被搞得晕头转向，找不到东南西北——这样就再也找不到我了！"

萨拉对捉鬼的主意进一步痴迷，她不停地扩建房子，当她成为一个老太太时，她家一共有了160个房间、2000多扇门、13间浴室、47个壁炉、40条楼梯和10 000多扇窗子。她的用人只有用地图才能在里面认清方向！

1922年，萨拉去世时，她的"捉鬼"大厦规模已相当庞大，占地面积已经达到2.5公顷，足足有4所小学加起来那么大，那里一定是个捉迷藏的好地方——只要你不怕鬼！

这样做有用吗？

萨拉总算没有被鬼魂抓走，不过在1906年的旧金山地震（参看第114页）时，发生了一件奇怪的事情。萨拉自己被关在了用来"捉鬼"的一间屋子里，几乎枉送了性命。地震把房门卡住了，怎么打也打不开。萨拉开始喊叫，但没人能听见，她的房子也实在太大了，她的用人花了很长时间确定方向，总算在最后时刻……据称，当时萨拉都快要活活饿死了。这是纯属巧合——还是又来了一批鬼魂在作怪？

本章小结

　　像法林顿和罗迪亚这样的反常建筑，难道真的是一文不值吗？这些"愚蠢"的建筑看上去总是那么令人眼花缭乱，虽然它们耗资巨大，听了让人倒吸一口凉气——但是坐着马车去随便看看总是会有无穷的乐趣。不管怎么说，这些纯粹为了个人喜好建成的建筑，总比那些只是为了赚钱而兴建的庞然大物要顺眼得多——你说难道不是吗？

荒唐的地点

有些人不仅建造怪异的建筑，他们还选择十分荒唐的建筑地点。例如在地下、斜坡上、岩石上、树上，有的甚至建在附近没有任何建筑原料的湖中小岛上……

铁诺齐提托兰——阿兹特克人兴建

阿兹特克人于13世纪至16世纪生活在墨西哥，他们是一个野蛮不化、好战性强的民族，喜欢撕开敌人的胸口，掏出他们的心脏，像在一月的市场买的便宜货一样，拿在手里晃来晃去。正因为这样，中美洲的其他部落才不敢和他们出去野餐或喝酒！

所以，他们大部分时间只能在墨西哥境内四处流浪，居无定所。

他们信奉的神叫"呼奇洛玻启利"，他告诉阿兹特克人，他们要一直游荡，直到找到一处有鱼在游，旁边还有一只老鹰嘴里叼着一条毒蛇停在仙人球上的地方——他们应该在那里营造新家。阿兹特克人流浪了100多年，最后终于到达了他们要找的地方。

他们选择居住的地方确实不算太好，那是湖中央的一块陆地。他们把它称为"铁诺齐提托兰"，意思是"布满带刺的仙人球的地方"。要在这里建一座大城市可真是不容易——地面又软又湿，最糟的是，他们什么东西都没有。尽管如此，阿兹特克人还是坚信他们的选择是对的。他们从邻近部落铁班坦克人手里换来了建筑材料，接着开始动工。几百年的工程终于结束了，他们在湖中的岛上建起了一座神奇的城市，到处都是装饰得富丽堂皇的房子、漂亮的大桥和庄严肃穆的输水管道；到处都是闪闪发光的水渠和四处飘香的鲜花、树木和荆棘。第一位见到这一美景的欧洲人不相信这是真的，竟捏了自己一把，看自己是不是在做梦。这位西班牙人后来说……

看到这么奇妙的景象，我们真不知该说些什么……不知眼前是不是真的！……谁能说这不是一个梦呢？

关于阿兹特克人的重要信息

▶ 到15世纪末，他们的城市面积估计达1000公顷，人口为25万——这是一个相当大的数字，当时欧洲最大的城市也只有12万多居民。

▶ 阿兹特克人用烧制的土砖或石头造房子，为了防止它们陷到岛上的淤泥地里，许多房屋都必须用竹杆撑起来。

▶ 岛上到处都是纵横交错的水沟和坑洼，它们是"铁诺齐提托兰"的主要"街道"。他们将城市划分成几个区，阿兹特克人经常划着驳船和独木舟在城里往返。

▶ "铁诺齐提托兰"有360多座寺院，其中最大、最豪华的一座是建于15世纪的"大神庙"，它位于市中心。1487年，当这座金字塔形的建筑最后完工时，阿兹特克人为它举行了隆重的开庙典礼。祭司们砍下了20 000名献祭者的人头，然后将他们的尸体从大庙的台阶滚下。

▶ 离大神庙不远处有一座建筑叫"脑壳架"，它就像超级市场里摆放蔬菜的架子，但这里堆放的是那些献祭者的头颅，而不是白菜和洋葱。

▶ 阿兹特克人居然建起了一座城市，这真是一个奇迹，他们没有工具，没有轮子，没有手推车，没有马匹（更不用说碾磨和喷屑时发出噼啪声的三速锤钻）。他们确实是"低技术"的阿兹特克人。

"铁诺齐提托兰"的消亡

1519年，西班牙冒险家埃尔南·科尔特斯（1485—1547）到达了这座伟大的城市。埃尔南在为西班牙的统治者们做实地考察，为了寻找新的领地和财富之源……然后把它们偷走。

致西班牙查尔斯国王的明信片

发自——埃尔南·科尔特斯，墨西哥，1519年

尊敬的陛下：

　　尽管加勒比海有时候波浪滔天，但总的来说还不算太坏。我们在维拉古斯上岸，然后我

大海　嘿！晕船

把船给烧了，因为我得让小伙子们服从我的命令。

我看起来很神气！

　　我们现在所在的城市是一个奇妙的城市，叫作"铁诺齐提托兰"，它很美丽，伙计们都说它比我们的格兰纳达还要漂亮。当地的人把我当做神，他们对我们还真不赖！

别尝这个！

　　昨晚，去蒙特祖玛那儿吃饭了，他是那里的国王。令人高兴的是，还有火鸡，但却涂着巧克力酱。现在我已经非常非常知足了，不过我还想去看看明天他们专为我们举行的表演，好像是跟心脏有关……我想……

祝您康安（还有所有的大人们）！

埃尔南

←这是我

那是蒙特祖玛→

79

令人吃惊的真相

虽然只带了几百名西班牙士兵，但埃尔南为西班牙国王占领了整个墨西哥。他们把"铁诺齐提托兰"包围了起来，让阿兹特克人忍饥挨饿（……然后将活下来的人做奴隶），他自己成为了领主，摧毁了那座城市。尽管他在信中说……

> 这座城市太伟大、太漂亮了！我真是无法用语言形容……

他在那里建了一座新的城市，这就是今天的墨西哥城！

聪明的阿兹特克人用行动证明，一个起初条件很差的地方并不是意味着"无法居住"。如果你接着读下去，你就会更加明白其中的道理……

有点可怕——但还算称心的住处

雪罗普郡，比奇福德大厅的"树屋"　这是建在一棵高大的酸橙树树枝上的"称心住处"。这棵酸橙树长在一幢拥有300年历史的古宅里（它现在仍还在那里），据说西比尔·格兰特女士是在18世纪90年代搬到这个树上的房子里去的。因为她实在受不了住在陆地上时附近流水的声音，受不了附近坟地经常闹鬼的惊吓！

意大利，威尼斯 公元400年，一批渔夫来到一个小岛上，这个小岛在一个咸水湖的中央，小岛上到处都是沼泽地。他们是为了摆脱入侵意大利的北欧蛮人而逃难到这里的。岛上很快就拥挤不堪了，于是，他们因地制宜，开始建起了人造的平台。

81

　　今天的威尼斯城建在118个小岛上，由100条运河和400多座桥梁构成，呈纵横交错的网状结构。记着一定要看看"叹息桥"，它通向一所监狱。"叹息桥"之所以得名是因为过桥的犯人只要一想起未来受拘禁的日子和暗淡的前程，就会忍不住唉声叹气。

　　土耳其，卡巴多西亚洞居　这是一些在布满岩石的山城上开凿出来的住所，是一帮修道工在公元4世纪至10世纪间建造的。后来，人们开始挖掘地道，将这些建筑连在一起，形成了一个巨大的"蜂窝"。这些建筑中有很多墙壁上挂满了五颜六色的宗教绘画。据估计，大约有30 000多人用这些建筑做过教堂。

　　约旦，皮特拉"玫瑰城"　这座离奇的建筑建在一个深谷之中，两边都是陡峭无比的悬崖。这些漂亮的建筑是在呈玫瑰色的崖面上开凿出来的，所有的房间都向着岩石内收缩。

　　"玫瑰城"和其他离奇的寺庙和宫殿一样，看上一眼便会让人终生难忘。古城在公元4世纪后被遗弃，1812年才被重新发现。

　　新几内亚，莫尔兹比港　这里的几十幢房子都建在水面上，它是靠柱子或其他支撑物搭建起来的，每一根支撑柱都是一棵完整的树干！这种建筑风格可以充分利用空间，同时又能受到钓鱼者们的欢迎，所以在热带地区的国家里相当流行。这种风格同样适用于陆地建筑，它既提供了储物空间，又有防止湿气、蛇和其他令人毛骨悚然的动物进来的功能。

英格兰，水下"抽烟室" 这是9世纪90年代建在萨里的怀特利公园的一座建筑，它是一间带圆盖屋顶的房子（有点像一座巨型的水底温室）。

这座建筑修建在一个湖底里，通过一条长122米的隧道可以到达。有钱而又有点疯狂的商人惠特克·莱特喜欢待在这里，他常常站在一根根锚爪之间，叼根雪茄，一边吞云吐雾，一边欣赏着水底的生物。

考考你的老师

一位名叫特雷弗·塞奇比尔的农业承包商，将一座仓库改建成了两层楼房，但嫌麻烦他没有去申请"规划许可证"（如果你想建一座新房，你就必须先得到市政当局的许可），当地政府发现此事后，要求特雷弗把房子拆掉。请你猜一猜，特雷弗这时会怎么做呢？

1. 他把房子拆掉了。

2. 他说服了市政规划官员。

3. 他把房子的第二层拆了，然后用草和土将它盖起来，这样一来，看起来就像真的拆掉了一样。

答案

3。特雷弗把他的二层楼房改成平房后，用草皮将它严严实实地盖了起来，这样在外面就一点也看不出来，然后他在"草皮"顶上开了一扇活动天窗，通过这扇天窗可以上下自由地出入。

······他的方法确实奏效了（虽然只是在不长的时间内）。规划检察官来了好几趟，却没有发现任何破绽，他满以为塞奇比尔已经将房子拆得一干二净了！

本章小结

这些不可思议的建造者用尽心思盖起来的房子也真够绝的了。也许，他们正是因为被逼无奈才想出这些"天才"的主意。就像水城威尼斯，许多痴迷于不可思议的建筑的人认为它是世界上最漂亮的城市——每年，都有1200多万人前去观光；夏天的时候，那里所有的地方都会非常拥挤，简直都要爆炸了！不能不承认，这也是个问题。也许又到了一批勇敢的建造者去寻找更加奇怪的地点的时候了！

豪华的宫殿和奇妙的宅第

我们大部分人都住在温暖舒适的家里，有两三间卧室、一个客厅、一间浴室和一间厨房。我们总是觉得过上这样的生活已经很幸运了。但是，却有那么一些人，他们住在拥有很多房间的豪华宅第里，房子是如此之多，以至于即使你把整个家偷偷搬到他们那里，他们都可能不会发觉的。

人们住在豪华的建筑里，有各种各样的原因，有些人是因为出生于名门望族，他们一生下来便住在那里了……

……有时，他们将这些宅第建得很特别，因为他们拥有主宰一切的权力……就像威廉·伦道夫·赫斯特。

想象一下，你如果能随心所欲地建一座房子，你会建成什么样呢？在21世纪初美国商人威廉·伦道夫·赫斯特的的确确在加利福尼亚梦想成真了。威廉的父亲是靠寻找埋在地下的黄金、煤等东西发财的。

父亲死后，威廉继承了一大笔遗产。但他并没有因此而感到满足，他通过办报纸挣了更多的钱。后来，他决定在加利福尼亚圣西门的一座山上建造一座不可思议的建筑。

赫斯特堡——不可思议的建筑

1. 赫斯特堡的建造总共花了27年时间，耗资3000万美元。里面有100间房间包括一座影院、两所图书馆、一个宽敞的聚会厅和一个可以停放25辆高级轿车的车库！这幢建筑同时也被称为"卡萨·格兰德"——在西班牙语里是"大房子"的意思。

2. 在宅第修建过程中，威廉先生开始为他的建筑寻找一些新奇有趣的小饰件，以显示它的气派。他还派出一支代理商大部队周游世界，为他购置风格各异的漂亮家具。

3. 有时，一座房子花了巨资建好了，他会过去看一眼，然后说："现在马上推掉它们，重新再建！"可怜的建造者也只好照他的话去做。

4. 他建了两座巨大的游泳池：一座是露天的，由大理石建成；另一座是室内的，由威尼斯产的玻璃砖镶嵌而成，铺设这些玻璃砖足足花了4年时间。他还在旁边建了一座希腊神庙（顺便说一句，室内泳池的顶上还有两个正规的网球场）。威廉先生还有一座从西班牙运来的修道院——它是被拆成小块后运过来的，后来他不知该怎么拼上，只好把它们留在了装运箱里。

87

5. 为了让他巨大的豪宅温暖舒适，有家的感觉，威廉养了100多种野生动物，在他的宅第里四处游荡。而且为了阻止狮子、大熊等野兽吃掉小动物，他特意制作了分隔栏。

6. 如果你是个爱炫耀的人，而且吹牛吹得像洛矶山脉那么大，你就肯定会到处张扬一下你稀奇古怪的特点，对不对？也许就是因为这样，威廉先生经常邀请一些演员、明星到他奢华的卧室里住上几天。高贵的威廉先生这时总会忙得窜来窜去，迎接他的客人一会儿在卧室里，一会儿又突然从另一间房子的地底下变戏法一样冒出来！

威廉的花钱实在也太大方了，不过他还比不上法国国王路易十四。跟他比起来，威廉一定会显得过于斤斤计较、小家子气。他的"卡萨·格兰德"要是扑通一声落在凡尔赛宫里，人们说不定会以为它是花园里的小棚子……

凡尔赛宫参观指南

最高荣誉

▶ 欧洲最大的宫殿。

▶ 法国国王的权力基础。

▶ 1682—1789年间，是法国首都。

▶ 1919年，第一次世界大战的参战国在此签订《凡尔赛和约》。

位置 法国巴黎西南部23千米处。

谁出的主意？ 法国国王路易十四（1638—1715）——他的另一个名字叫"勒·罗·索力尔"（意思是"太阳王"）。1668年，他决定把他父亲狩猎时用的住处修建得更加舒服些。

他为什么叫太阳王？ 路易十四当上法国国王后，认为自己跟太阳一样拥有无穷的力量！

是谁建造的？ 3000名建筑工人、6000匹马——由建筑工人来完成石方工程，马匹用来搬运东西。

花了多长时间？ 47年。

有什么问题吗？ 当然有！整个建筑是建在细软的沙泥地上，有些地基会下沉，施工人员们干起活来很不情愿，况且从来拿不到好工钱。他们中有好几百人在工作中丧生，有的死于事故，有的是受了附近沼泽地里的湿气污染，死于发烧。路易十四对此非常难过。

为此他公布了"免费午餐保证书"和"健康与安全条例"吗？ 不，当然没有，他只是禁止任何人提起死亡和伤残！

除了路易十四，还有别的人住在那里？ 有。他的家人、9000名士兵、4000名用人和1000位法国贵族，再加上其他一些零散的人——总共有20 000多人住在那里。"太阳王"喜欢让他的贵族们住在一个地方，这样他就能提防着他们。

有多少房间？ 总共有1300间房，整个宫殿巨大无比，贵族们从一个房间到另一个房间要坐着轿子去。

　　主要问题是什么？ 因为没有卫生间和浴室，整座建筑散发着腐臭味……不过对路易十四来说根本不成问题，因为他一年只洗一次澡！

　　他去卫生间也一年只去一趟吗？ 别傻了！

　　还有什么其他特色？ **凡尔赛皇宫喷泉**共有1400多个喷水池，它们用掉的水比整个巴黎用的还要多（这可真是一大不幸，那时巴黎人经常因为缺水而得病，许多人本来只要再多给一两滴水就能救活）。

　　国王的30 000名士兵建造了14个巨型水轮、200多个水泵组成的一个大机器，可以从塞纳河向喷水池里输水，不过这台机器经常会出现故障。

　　镜厅是一座大型的礼堂，长72米，国王在那里召见他的侍臣们。有一整面的墙镶着一面长镜子，它可以反射大量的光线，3000多支点着的烛光加上对面玻璃窗的反映——毫无疑问，路易十四就是靠这种方法使自己成为侍臣们眼中的"太阳王"。

凡尔赛宫就像一个大型的五星级度假营地和贵族们散心解闷的大公园。如果厌倦了观看国王用餐，他们就可以去动物园瞧瞧野兽，或者去宫里的歌剧院或戏剧院看看演出，或者去格兰德运河坐平底船，或者去格罗托·德西提思听听超凡脱俗的管风琴声，或者去占地101公顷的花园周围散步，在那里绽放的鲜花四溢飘香，因为国王每年都要从荷兰买进大量的鲜花。

女皇开始还击

从前有一位女皇，她生性邪恶、残暴无比。她有一个很大很大的王国，但那里非常寒冷，而且全是一些穷人和饿鬼，她从不允许有人违背她的命令。有一天，一位王子没有得到她的许可便和他的心上人私下结婚了，这件事让女皇恼火万分。

"他也太胆大包天了！"女皇听到他们结婚的消息后，怒气冲冲地说，"我敢肯定，他一定会为他所做的蠢事感到后悔的！"令人伤心的是，王子婚后不久，新娘就死了……王子悲痛不已。女皇可算是等到了报复的机会，她下令让这个可怜的王子当宫廷的玩奴，这还不够，她心里又萌生了一个比这更残暴的惩罚计划。于是她召见了最聪明的皇家建筑师。

93

"我要你设计一座冰宫！"她厉声地命令着。

"当然，尊敬的陛下！"建筑师抽着鼻子回答道，"没有问题的。"当时天气非常寒冷，王国里30多年来从没有过这么冷的冬天——而且寒冷持续了好几个月。据说有人甚至看见，有些鸟飞着飞着就被活活冻死，结成了一个硬冰块。

建筑师马上找来了最出色的工匠和最强健的人，让他们建造这稀奇古怪的大冰宫。他们从他们能找到的最干净的冰上采下建筑原料，然后浇水将它们连接起来，水马上结冰，于是结成了一堵墙，像水晶一样闪闪发光。

冰宫的规模相当庞大——它们的窗子由薄冰制成，卧室里有一张冰做的床，装有四根帐柱，床上是冰床垫、冰被子、冰枕头，还有两顶冰做的睡帽。

花园里有冰树、冰鸟，还有一门冰做的大炮，而且还能真的开火。最不可思议的是居然有一头形态标准的大象和一名骑手，它们也全是用冰做的。

女皇对此非常满意，她决定实施第二步计划。她召见王子，并把一个贫穷的宫廷侍女介绍给他。大家都说，这名侍女长得并不怎么漂亮，但要仔细看也过得去。女皇告诉王子，他必须娶这名侍女。

"啊？什么！"两人目瞪口呆。女皇并不罢休，她亮出了最后一张王牌。

　　"你们必须在冰宫里度蜜月！"她厉声命令道，眼里闪射出刺眼的寒光，两位受害者不由得浑身发抖，恐惧万分。

　　谁也不敢违抗这位暴戾国王的旨意，两人只好成亲，马上搬到冰宫里去住，然后不得不在装有四根柱帐的冰床上睡觉。透过冰做的墙，他们常常可以看到女皇带着嘲讽的眼神盯着他们，还有那些暗自窃笑的奴才们。尽管他们用毯子蒙住头，将自己盖起来，可还是不行——因为毯子也是透明的。可怜的王子！他受着如此大的羞辱。

　　不过，事情总会结束的。春天来了，难以置信的冰宫开始融化。门口开始滴水，墙壁开始萎缩，屋顶也渐渐往下淌水。不久，整座冰宫就化成了湿漉漉的一片。

　　那一年，不只是冰宫在萎缩，几天后，女皇的心脏也停止了跳动。

　　可怜的王子和他的新娘怎么样了呢？随着冰宫融化，王子与侍女之间互相产生了好感，当整座大厦最后融化时，他们已经深深地爱上了对方，他们当然不用再结婚，因为他俩早已经成过亲了！所以，接下来就应该是他们从此过上了美满幸福的生活，真的是这样。

他们会的，为什么不呢？所有的童话故事不都是这么结尾的吗？这难道不是一个童话故事吗？

不，当然不是——故事里的大部分事在18世纪的俄国确实发生了，穿着礼服的女皇便是俄国女皇安娜·伊凡诺夫娜（1693—1740），狡猾的建筑师是彼得·叶罗普金，那位王子便是米哈伊尔·阿列克谢维奇·戈利岑。

注意

故事里关于飞鸟在半空中被冻成冰块的这件事可能有点夸张。

更加冰冷的建筑

建造冰宫，并不是俄国女皇的专利……

▶ 1986年1月，美国明尼苏达的圣保罗建造了一座冰宫。它全长37米，宽27米，高度将近40米，相当于一座13层楼那么高，共用了9000多块冰。

▶ 1992年，日本的札幌举行的冰雪节上，2720名士兵建造了一座13米高的白宫，即美国总统官邸的复制品，全部都是用冰砌成。

极其夸张的宫殿

弄虚作假、招摇撞骗、肆意歪曲的房产公司宫殿部门

为你提供激动人心的机会去拥有以下几处难得的地产……

阿尔汉布拉宫

我们见到这座宫殿时，一定会惊叹："啊！多么神奇的阿尔汉布拉！"

位置　西班牙南部，格拉纳达

建造时间　1238—1358年

先前主人　来自北非的摩尔人王子，他们在西班牙统治了几百年。

赏心悦目的特色　从外面看起来，宫殿就像中世纪普普通通的城堡，但从里面看上去，就像《一千零一夜》中所描述的那样，因为它有……

▶ 僻静的庭院里面修建着喷水池，还有一年四季芳香四溢的玫瑰花丛。

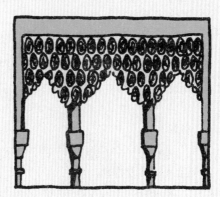

▶ 弓形的窗户和柱廊上面装饰着新颖独特的花边状灰泥。

▶ 铺着彩砖的墙壁，令人眼花缭乱。

▶ 很多具有历史意义的建筑，精彩纷呈。包括：阿本塞拉吉斯大厅——先前的一位主人曾在这里砍下了他第一位妻子所生的所有儿子的头。买主：不要因为这件事止住你们购买的脚步，那位主人事后肯定将房子擦洗干净了。

布莱顿皇家度假园林

地产商的评价 足以让年轻的夫妇们心动，因为在这里他们可以划桨、欣赏夜色、观看海鸥，找到他们渴望已久的新鲜感。

位　置　萨塞克斯·布莱顿，3分钟可到达伦敦——跑一跑就到了。

先前主人　威尔士乔治王子（登基后成为国王乔治四世）。

总体风格　各类物体应有尽有，以"东方色彩"——印度、中国风格为主。

原有特色包括：

▶　龙形的煤气灯

▶　餐厅天花板上的假香蕉树

▶　墙上的丝绸挂饰

▶　莲花宝座灯

……其他的还有许多许多。

厨　房　出奇的大，可容纳12名厨师和助手同时工作。有大量的肉叉可用来烤制巨型肉块，还有其他性能良好的烧烤器具。铁和黄铜制成的大柱子像棕榈树一样支撑着天花板。著名的厨师安东·卡雷姆（"硬糖果"的发明者）曾在这里为一次宴会做了112道不同的菜。

浴　室　内有大理石与红木（一种褐色、质地坚硬的木材）制成的各种用具，所用的水直接从海里抽上来。

音乐室　十分漂亮，乔治第一次见到它时，激动得流下了眼泪。他在这里拉过大提琴，还曾请来像罗西尼那样的著名音乐家举行私人音乐会。可在1987年的大风暴中，附近一座倒塌的塔把音乐室的屋顶压坏了。

外部　建有很多小尖塔，尖塔底部有一个"洋葱"状的圆盖底座。

努洛伊曼皇宫

位置　亚洲东南部，文莱

建成时间　1984年

现在的主人　文莱苏丹（可能是世界上最富有的人）。

特点　根本没法在这儿详细描述。可以这么说，就算那些酷爱装修的狂人想把它装饰一新也要好些周末的时间，因为那儿足有1778个房间。

非常"便捷"的应用设备　皇宫内建有257间盥洗室。（唯一让你略感不便的是，你需要花很长时间决定该用哪个！）

极其庞大的地下车库　噢！是的，苏丹当然得为他那110辆汽车找个停放的地方！

本章小结

现如今，即使你不是一个大权在手的国王，或者自命不凡的亿万富翁，你也可以去这些神奇的建筑里看看，只要你是一位拥有好奇心、想象力又丰富的旅游者，只要有钱买门票，你就有机会亲身体验一下这些过去对外封闭的领地——或者干脆就把它当成你的。

可怕的城堡

人们过去造一些气势磅礴的建筑，无非是为了向世人显示他们是多么的"强硬"，要么就是为了远离他们的邻居，特别是那些总是一有机会就来借柴米油盐，偷杀他们最好的牲畜，或者想谋害他们性命的人。如今你也许可以立个牌子说："我住这里——请走开！"或者让你的猫戴上你柏西伯伯的假牙，给它拍张照片挂在门口，吓走那些不速之客，但是这些办法在过去一点都行不通。如果你真的想把好事之徒拒之门外，你就得造一座像克拉克那样的大堡垒……

坚不可摧的克拉克城堡

克拉克城堡是中世纪的一座超级堡垒，位于现在的叙利亚境内。阿拉伯人劳伦斯曾这样盛赞克拉克城堡……

世界上保存最完整，最令人敬佩的城堡。

克拉克城堡的前身，是一座修建于早期阿拉伯时期的城堡。1099年，在第一次十字军东征时期，被图卢兹的雷蒙德四世占领。1110年，城堡被的黎波里公爵雷蒙德二世重新占领，并于1142年把它转交给圣约翰骑士团。在随后的50年里，骑士团对它进行了翻修和扩建：修建了护卫塔，增加了内外城墙、护城河，城堡内部还新建了诸如会议室、教堂等哥特式的建筑。

　　1271年，萨拉森人攻克了克拉克。事情经过是这样的：有人冒充骑士们的指挥官写了一封信，让飞鸽给那些骑士送去，骑士们果真上当了！他们放弃了城堡。信中是这样说的……

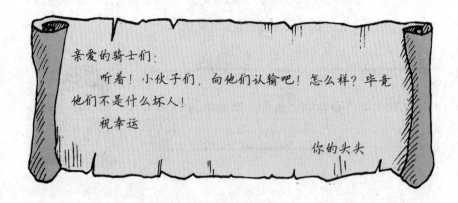

有关克拉克的细节

▶　可驻扎2000名战士。

▶　建在裸露的巨石上，这样就防止任何可能的入侵者，只要入侵者上来，就不能……

a）在墙底下挖掘隧道。

b）在任何地方搭放梯子和围城器械。

c）爬上去，而不会被头顶抛下来的滚石砸着或浇下来的热水淋着。

▶ 有一条密封的入口通道，通道里一片漆黑，这样，即使入侵者进来了，他们从通道出来后也会被太阳光照花眼。

▶ "迂回的"小路沿着岩面通向入口，因此，沿着小路找到入口，入侵者们须得一次或几次越过几道防守线。

▶ 建有大量向外伸的护墙，还有很多房间，可以储存足够用上几年的水和粮食。

空中的城堡

　　气势宏伟的建筑并不全是用来抵御敌人的——有些是因为它们的主人想过上原始的生活。巴伐利亚国王路德维希二世（1845—1886）生于喜爱艺术的家庭……但是人们都认为他酷爱艺术爱得太离谱了！他非常喜欢理查德·瓦格纳的歌剧音乐，因为那能使他产生关于中世纪武士和痛苦少女的稀奇古怪的念头。有一次，他赠给瓦格纳很多钱，瓦格纳用了两辆马车才将它们从银行运到家中！路德维希二世在其他方面也非常怪癖，他喜欢在午夜过10分钟时用餐，早晨会一大早起来去坐野地雪橇。

哇！……

　　路德维希二世非常疯狂，他决定为自己建一座不可思议的城堡，在那里他可以沉迷于自己编织的狂想梦。他最了不起的杰作要算纽奇万斯坦城堡，这座城堡足足建了17年，工人们用炸药把山顶炸开，才为路德维希二世的梦中城堡提供了建筑地点。

　　城堡并不是由建筑师设计的，而是一位戏剧布景设计师克里斯蒂安·扬克梦中梦到的，它沿袭中世纪日尔曼城堡的风格建成。有些房间装饰着瓦格纳歌剧中的场景。路德维希二世的卧室的天花板上画有夜空的图画。（这样他白天在里面睡觉的时候可以看到夜晚的美丽景色！）

　　不幸的是，路德维希二世花在这些令人惊奇的建筑上的钱，都是搜刮来的民脂民膏——人们都觉得他的主意实在疯狂得太出格了。路德维希二世在纽奇万斯坦城堡里住了6个月，然后就被送进了另一座日尔曼式的城堡，一所名叫斯科洛恩伯格的疯人院。

姬路城——源于"弹力堡"

　　姬路城是日本的一座城堡，始建于14世纪，1609年初完工。人们的确将它设计成了"会弹跳"的城堡。日本的小规模地震非常多，因此城堡需要这方面的保护。建造者们想出了一个绝妙的主意，他们给城堡造了根基。城堡建在一堆石头上，地震时，虽然石头会晃动不已，但建筑却安然无损！

　　姬路城从没倒塌过，事实上，它也从来没有遭受什么严重的攻击（尽管一些幕府将军们想来看看，在上面玩玩）。就算被围攻，城堡也不会被破坏。日本武士们宁愿让他们的敌人饿死，也不会向他们发起进攻。

有一次围攻一座城堡的时候，一个日本军阀甚至请舞师和乐师来为他的军队助兴，因为他们在城外等着实在没事可做。

本章小结

日本人没有捣毁城堡实在是因为它们太漂亮了，这么一想确实不错，但是很多的欧洲城堡却粉身碎骨了。看着一座座金碧辉煌的城堡变成角落里一些精致的碎片，真是有点可惜。但是话说回来，兴建城堡不就是为了将它们毁灭吗？

低劣的工程与灾难性倒塌

你试过用纸牌建造一座微型的摩天大楼吗？驶过的汽车放出的尾气就足以使它们倒塌。所有的东西都会出错，真正的建筑也不例外……

▶ 你可能选错地点。

▶ 你也许会选错建筑材料。

▶ 自然灾祸会在你最意想不到的时刻来临。

▶ 工程时间可以拖得更长，长得你连做梦都想不到。

▶ 你会选错那些不够好的施工人员……这样你的建筑就会毛病百出，问题成堆……

不完美的塔

建筑成功的秘诀在于周密的设计与策划。你要做的第一件事就是检查你要在上面建房子的地面，保证它能为你的建筑提供强有力的支持。比萨斜塔刚刚建到第三层的时候，就不可思议地倾斜起来，肯定是因为建设者刚开始没有对塔基进行进一步全面的考察。

有关比萨斜塔的一些真相

▶ 塔发生倾斜是因为塔基建在了松软、潮湿的土地上。

▶ 这座塔有13层，高达54米，始建于1173年，1350年竣工。塔里有一座钟，提醒人们去旁边的教堂做礼拜。

▶ 现在塔身偏离"自然姿势"已有5米之多，换句话说，要是你在塔顶垂直扔下一颗酸荔枝果，它将会落在离塔底边缘5米远的地面上。

▶ 意大利著名的数学家、天文学家伽利略（1546—1642）曾在斜塔上同时掷下不同大小的金属球，他用这种方法证明了他关于物体自由下落时速度相同的理论。

对不起，我只是在验证一套数学理论！

▶ 斜塔如今以每年1毫米的速度继续倾斜，近年来，这一速度大大地加快了。

▶ 到塔顶一共有294级，当你往上爬时，你会越来越感觉到往下拉的重力。但是不要担心，你再也不用爬了——因为出于安全原因，游客已被禁止进入斜塔了。

自斜塔完工之日起，建筑师、工程师和施工人员们一直在拼命使它变直。但斜塔每年都能吸引成千上万的游客前来观光，因此，并没有人想让它彻底变直。但另一方面，他们又不想让它塌掉——不管怎么说，人们总不希望见到完全瘫倒在地上的比萨塔，不是吗？

因此，该怎样防止斜塔倒塌，同时它又能保持它那迷人的倾斜呢？下面这些做法有些已经试过，或有人提出过——而有些则是编造出来的，请你猜一猜哪个是真，哪个是假。

1. 在塔顶挂上几吨重的铅，使它以另外一种方式倾斜。

真 / 假

2. 给游客们发放特制眼镜，使斜塔看上去完全直立。

真 / 假

3. 在斜塔下面放一台巨型的冷冻机，这样松软的地面就会永远坚固冻结起来。

真 / 假

4. 在塔顶拴上一根绳子，派本地的一支拔河队来将斜塔拉直，然后由一队工人迅速地在塔上拉开空隙处填上泥土。

真 / 假

5. 在塔底下的地里挖几个洞，塔就会下沉，然后恢复其自然挺直的状态。

真 / 假

我头晕！

6. 再建造一座相同的斜塔，让两座斜塔顶对顶相互支撑着，组成"比萨对称桥"。

真／假

7. 用一个金属的盒笼（旧建筑里能移动的框架）将它围起来以防止斜塔进一步倾斜。

真／假

8. 在斜塔的下面放置电极（一种电子导体），用来吸干泥土中的水分。

真／假

答案

除2、4、6外，全部为真。

裂缝……裂缝……完全倒塌

还好，比萨斜塔没有建在地质断层上——地质断层就是地壳内的一种巨大的裂缝。

整个美国旧金山市就建在一个1760千米长的地壳裂缝上，地理学家由此把这条地缝命名为"旧金山地壳断层"。

早在1906年，旧金山刚满60岁时，它辉煌的建筑群和优美的海湾景色就已誉满全球——许多人称它为"美国的巴黎"。4月18日，沿着旧金山地质断层的几块地壳板块开始颤动——换句话说，那儿发生了地震……

▶ 当时的目击者形容说："可怕的怒吼……好像过了一刻钟才停止。"——事实上，整个地震只持续了3分钟。

▶ 一位亲眼目睹地震发生过程的记者说……

▶ 28 000多座建筑毁于这次地震和随之而来的火灾，其中有29所学校完全毁坏。

▶ 旧金山市90%的建筑是木结构或砖木结构的——这恰好成了引起火吞噬大部分城市的最合适材料。

▶ 负责协调建筑救援工作的是消防队队长。尽管他几乎为此失去了老命——但还是于事无补。被第一次剧烈地震和建筑物崩塌声惊醒之后，他从床上蹦了起来，冲出卧室那一刻——他的地板和楼梯在他跨出卧室门那一刻倒塌了。

▶ 在地震中幸存下来的建筑是钢架结构的建筑（像现代的摩天大厦）。从此，生存在地质断层上的人们更喜欢这种建筑技术。一些地震多发地区的建筑甚至是建在特制的橡胶地基上——这样，在地震过程中它们只是上下弹起，而不是轰然倒塌。

耗资庞大的建筑

在这次可怕的地震之后，旧金山的建设者们开始忙于估算整修和重建工程的耗资。要知道在开工之前来估算一座建筑的耗资总是相当困难的。因为你弄不清到底在施工期间你会遇到什么问题。著名的悉尼歌剧院最初估计耗资500万英镑，但最后结算账单总额却将近9000万英镑，是这么回事⋯⋯

悉尼歌剧院的故事——一场多幕喜剧

19世纪50年代初　好消息——年轻的丹麦建筑师约恩·伍重在丹麦爱尔森诺郡的伯诺克卡斯特冥思苦想（那是莎士比亚名剧——《哈姆雷特》的故乡），他渴望设计一座伟大的建筑。

1955年　更好的消息——澳大利亚举办了一次歌剧院最佳建筑设计方案比赛，地址是悉尼的本尼廊角。约恩的设计是把5个贝壳和风帆状的结构连在一起，他的这一构想一举夺魁！约恩形容他的设计是"一部交响曲"。

1959年　坏消息——剧院工程开始了，约恩的设计在施工时处处碰壁！他原以为可以自己支撑的60米高的贝壳将需要坚固的拱形结构来支撑——重约26 000吨，这个房顶的重量成了世界之最。耗资开始上升！

20世纪60年代初　更坏的消息——各种各样令人头疼的建筑问题，使工程进度减慢、花费增加——墙壁刚建好就得拆掉了，因为它们挡住了建筑工人在建筑的各部分之间移动机器的路。曾有一位澳大利亚建筑部长形容这座剧院为一首交响曲，一部未完成的交响曲！

1966年　好消息——主要结构的大部分工作已完成。

坏消息——约恩与澳大利亚政府争吵不休，这些争吵超过了建筑耗资的直线上升而成为头条消息。最后约恩非常气愤，并离开澳大利亚！没有完成剧院的建筑！

好消息——澳大利亚建筑师们开始接管，好样的！英雄！

坏消息——由于耗资迅速增加，口角和争执不断等问题，建筑师们认为歌剧院应该只占建筑的一个较小的大厅，而别的大厅将用作电影院、电视台等，也许它该命名为悉尼广播剧院？

20世纪70年代　好消息——有人建议在一个公园地下建一座地下停车场。太妙了，最好快点建！

坏消息——建筑工人拒绝去砍倒公园里的圣树——那可是一处具有历史意义的特殊土著景观。

好消息——开放之夜指日可待，邀请函都已发出！

坏消息——悉尼交响乐团威胁说将不演出——他们无处存车，他们可不想拖着他们的乐器，穿上夜间的服饰穿过城市的大街。而且，乐团有75位乐手——但乐池只能容纳60人演出。天哪！

每个人都抱怨后台设施——尤其是卫生间。它们要么不能用，要么人们一坐上去就塌了。

好消息——许多临时抱佛脚的工作起了一定作用——厕所修

理停当，所有东西分类整理（或多或少）。因此地方报纸的标题写道："所有贮水池正常工作！"

好消息——开放之夜演出开始，每个人都终生难忘——歌剧院被誉为世界第八大奇观……

因此，就是如此——一切顺利，顺利结束——尽管……不是非常……

20世纪90年代　坏消息——歌剧院的设计不断出现新失误。据估计到2000年，修理耗资将会突破百万！

（也许最好估计为10亿——这只不过是保守估计。）

完全预制的

一场劫难过后，比如地震或战争，一些便宜和容易建造的避难所将会提供给那些灾难后无家可归的人们。"第二次世界大

战"期间，当数以千计的不列颠人流离失所时——政府就提议他们住进那单层平顶建筑中，人称"预制房屋"。

关于简陋窝棚的令人难以置信的事实

1. 只一天之内建起这些房子是可能的，他们被称作"预制房屋"，意思是房屋已在工厂中造好了，只需要组装起来放在建筑房基上就可以了。这同你父母费很大力气组装的平装橱柜同出一辙。

2. 预制房屋有大约2000个部件，每座价值约为1300英镑，主要部分是波纹状瓦片——由石棉和水泥混合物制成——然后用螺栓拴在已经立起来的钢木结构架上。

3. 一些用作预制房屋钢架的金属是对"第二次世界大战"中军用卡车的零部件再生利用。这些房子有时是由德国和意大利战犯来建造的。

4. 预制房屋的一个主要问题是发霉，这是由湿气和冷凝作用引起的——人们的衣服很快发霉变绿。

5. 在有些地方，像威奇汉、伦敦，预制房屋之间隔得那么近，以至于你不必绕到邻居家去喝茶闲谈—— 只需打开窗户就够了！

6. 预制房屋诞生在美国，而且它们屋外装有锅、橱柜和一台冰箱——这在40年代可是稀有的奢侈品——个别类型的预制房屋甚至配备了新的但不必要的冰条模子，这在当时一定像因短缺而限量配给的甜点，令人非常兴奋的。

结论

在1946年，一位帕克太太谈及她的预制房屋……

> 它很宽敞，我准备住在这里度过我的余生。

她也许这样做了。事实上尽管当初人们只是想把预制房屋作为临时栖身之所——50多年后，一部分预制房屋仍然立身建筑之中并仍有人居住着。

> 我们没有在花园上花大力气——这只不过是个临时住所——它们不值得去花力气做。

121

寻访建筑物

留神看预制房屋——你可能在城市的郊区发现它们——它们特有的平屋顶和混凝土墙，通常使它们很容易被辨认出来。

等待灾难降临

如果你想通过房产抵押或贷款购买房产，你还必须有房产保险。房产保险商要来看一看你的房子是否有倒塌的可能。不过不可能有哪个有鉴赏力的考察者会为以下3所建筑竖大拇指……

1. 林肯大教堂

林肯大教堂塔是一个可待发生的灾难——或者因为它是一位中世纪不负责任的建筑者在两个潮湿的星期三下午堆砌起来的，或者是因为一大群饥饿的蛀虫正在用力啃噬教堂圆木来打通它们的旅途。1293年，在一次修理过程中，风暴天气使这座教堂塌向集会的群众，造成3人死亡，很多人受伤。

现在在林肯大教堂做的祈祷文含有这样一条线索："神圣的主啊！请支撑我们的房顶，今晚它会随时塌向我们，令我们窒息而死，阿门！"（但是，与公认的观点相反，这并未赋予他们10%房产保险的折扣。）

2. 第一座旋涡石灯塔

这是有史以来第一座真正建在海面上而不是建在近海陆地上的灯塔。它是木质结构的，始建于1696年，1699年竣工，由哈里·温斯坦利设计。哈里最大的愿望是在"史无前例的大风暴"来临时，他能住进他自己设计的建筑中去。他的愿望仅仅几年后就实现了——这座灯塔和哈里在1703年的大风暴中被卷走。

第一座旋涡石灯塔的建造者从这次灾难中吸取了教训，第二种样式一定得更加坚固……

他们测定风暴将不会经过这座灯塔，并且风暴真的没有光顾它！

3. 斯加堡若夫的好贝克厅旅馆

这座建于19世纪的豪华旅馆坐落在白崖壁顶，可俯瞰英吉利海峡。1993年，旅客们注意到了很多不合格的迹象，这所旅馆也许达不到《极品旅馆导报》中四星级旅馆的级别……

▶ 门开始出故障。

▶ 墙壁开始裂缝。

▶ 旅馆前面的花园已掉入海中。

越来越多的敏感的游客很快意识到有些不对劲。这就是——这座旅馆将有一张额外的床——海床!

几天之后,旅馆危险地悬挂在离海面50米的悬崖顶——而且不久之后,随着海浪对崖基部的冲击,其中整个一个侧楼将跌入英吉利海峡。

幸存者的评述——建筑物不要离侵噬欧洲最快的海岸线太近!

怎么会在建筑中迷路

还记得你上学的第一天吗——当时整个建筑似乎都很陌生和奇怪,你第一次上厕所迷了路,一群人都来找你?不仅是小孩子在建筑中才会迷路——成人也常会这样,尤其是当这个建筑像大英图书馆那么大、那么复杂时。大英图书馆位于伦敦,为大不列颠的浩瀚书海提供了住所。

1996年11月2日，第一批图书抵达大英图书馆，各界人士应邀前来为这一具有历史意义的时刻做见证。据说过了一会儿，当客人们要离开图书馆时，其中一位名叫科林·圣约翰·威尔逊的先生看起来有些迷路，不知道从哪儿出去才好。幸好一位图书馆职员从他身边经过，领他出了图书馆。科林·圣约翰·威尔逊是谁？

1. 一位著名作者，他的那本《走出书海的最后通道》是前所未有的第一卷，排入了大英图书馆的书架。

2. 一位闻名遐迩的探险家和开拓者，并且这其中有一间阅览室要用他的名字命名。

3. 是大英图书馆的首席设计师。

答案

3。信不信由你。

……然后向左转，再向右拐，从这楼梯上去，再右转一次，穿过你左边的那扇门……

新不列颠图书馆遇到的问题还不止是建筑师迷路……从一开始整个图书馆就有一点过时……

催促单

发信人：馆长

收信人：新不列颠图书馆建筑师、建筑商

尊敬的先生/女士：

我们仅就以下引起我们关注的事情提醒各位注意……

1. 你们的图书馆工程已逾期9年了。

2. 你们开出这项工程的总账单后，官员们总共已发现了230 000处错误（其中账单中的拼写错误不计在内）。

3. 其中有那么多的设计错误需整理出来，以至于需购置一套软件重新检索——仅此一项已花费49 000英镑！

4. 图书馆面积不足——它只能容纳1100万本书——但总共有1800万册书需装入书架。

5. 为了跟上每年出版的大量新书籍，你将不得不再建额外的半米书架，且工期越长多出的书越多，图书馆就会放不下了。

6. 这些所谓的超级骗人的"高技术"电子控制的自动书橱，本以为能帮助我们迅速而有效地摆放书籍，现在不是为我们分类，而是在图书馆内扔书了。

7. 更糟的是，你们的施工过程受到地方幽灵的干扰，这个穿着18世纪戏装哭泣的幽灵据说常在建筑工地周围徘徊。

我希望早日在尽可能方便的情况下收到贵方交工的消息。

馆长 什拉·B·萨依伦特

不仅它们自身的技术问题有些不尽如人意，有一些显要人物也对图书馆的样式提出过批评。工党下院议员杰拉尔德·考夫曼曾这样描述图书馆……

世界上最丑陋的建筑。

而且查尔斯王子——他事实上曾为此图书馆下奠基石——对图书馆也没有好印象，他说他认为该图书馆的主要阅览室像……

便衣警察学院的集合大厅。

他还说……

很可怕……它就是昏暗的木棚群，寻求某种象征意义！

本章小结

英国政治家温斯顿·丘吉尔（1874—1965）曾说过……

我们塑造我们的建筑，此后他们又塑造我们。

　　他的意思是，建筑的外观和给人的感觉对居住或工作在其中的人们有着很大的影响。我们越是对我们工作在那里、住在那里或每天路过的建筑的外形感到愉悦，我们就越会为生活在其中感到幸福。

高层建筑

以天为界

曾经，无论是在潮湿的还是通风的条件下，那些居住和工作的大厦从来都不会高过6层。建筑难度很大，因为通常会出现这样的问题……

然而，到19世纪末，建筑物开始变得越来越高。美国的一些大城市，如芝加哥和纽约变得非常拥挤，地皮也越来越贵——所以为了节省空间和金钱，最好的办法是建造摩天大楼！

有3个条件才能建造高层建筑……

1. 建筑师们能胜任更为繁杂的计算工作。他们能够计算出可以再多盖几层，但又不使大楼摇摇欲坠，最后一塌千里。

2. 全新的建筑技术——它在19世纪的桥梁建筑者和工程师手

中得到了大大的发展。

　　3. 过去人们不喜欢去爬高于五六层楼的楼梯。尽管在罗马建竞技场的时候就已经有了各种各样的升降梯，但是这些升降梯不怎么可靠。

　　1853年，一位名叫伊利沙·奥的斯的工程师发明了安全升降梯。为了让人们购买他的发明，他必须对自己的产品显示出绝对的信心，因此，他进行了一次壮观的公开表演，以显示他的安全升降梯是多么可靠……

▶ 他用升降梯将他自己和一些重物一起吊起。然后……

▶ 他让他的助手割断吊着升降梯的绳子。

　　看到奥的斯并没因此而丧命，观众们惊呆了，由于有一个设计新颖的自动闭锁装置，升降梯挂在了空中。

　　人们终于相信，奥的斯升降梯是不会让他们从半空中掉下来的。1857年，奥的斯公司首次制造出了蒸汽动力升降梯。1884年纽约百老汇路一家6层楼的商店安装了这种新型的"电梯"，成为第一幢使用这一设备的建筑。1887年，奥的斯公司推出了电力带动的升降梯。从此，这种电梯的销量突飞猛进，一发不可收拾——高层建筑也开始不断涌现。

建筑亮点

你在外出时，一定要注意看看那些刚刚开始的建筑工程——看看建筑工人们怎样用砖石、水泥和玻璃将一个个钢屋架封盖起来，不要忘了留意一下你所乘电梯上注明的制造商名字——说不定会是奥的斯公司呢！

熨斗——但绝对不能熨衣服！

在美国的大城市里，能够建造摩天大楼的地方真是屈指可数，所以只要有一块空地，人们就会将它用于建筑，不管它的形状有多么古怪！在纽约第五大道和东区23街的交会处，是一块前景无限的土地，但是唯一的问题是，它是三角形的。但是这并没有难倒"随心所欲，以天为界"的芝

我每次工作都要带着降落伞。

加哥建筑师丹尼尔·伯纳姆，他找到了一位刚刚在科罗拉多发了一笔横财的淘金者，丹尼尔使他相信把他刚刚得手的财产投资到这块地皮上绝对不会错的。工程于1902年完成，这座大厦成为

131

了当时全美最高的建筑。因为它的形状很容易让人联想起老式熨斗，不久人们就称它为"熨斗"建筑。

你想在哪儿让这座楼卡住？

房顶怎么样？

并非人人都赞同混凝土建造的高入云霄的建筑。有些人认为它们非常丑陋，而且房顶平淡无奇。有一次，一位美国人指着一座摩天大楼为来访的英国首相A.J.鲍尔弗（1848—1930）做介绍，他自豪地告诉首相这座大楼是"防水建筑"。不料，这位英国首相平静地回答道……

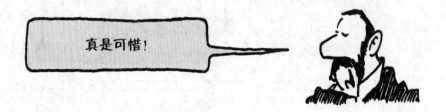

真是可惜！

建高……建高……我们得动手了！

这件事发生在20世纪的纽约——当时修建摩天大楼的热潮正席卷着整个美国，两位家财万贯的商业巨头正在与建筑师们见面……

1. 一位名叫H.克雷格·塞弗伦斯的建筑师们正在接手一项任务，要为曼哈顿银行设计一座世界上最高的建筑……

2. 与此同时，瓦尔特·T.克莱斯勒召见了克雷格的对手，他以前的生意伙伴、建筑师威廉·范·艾伦，让他为他的汽车公司建造一座全新的豪华总部……

3. 建筑工程开始了……

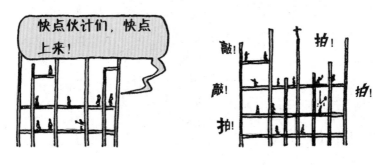

4. 摩天大楼接近竣工，看起来克雷格的建筑设计略占上风……

5. 威廉正在秘密地建造一座高37米的不锈钢的尖塔——现在他已完成了得意之作……

6. 在最后一刻，他把这个尖塔"嫁接"在克莱斯勒总部的楼顶上——这样，就一下子比那座银行大楼高出了三十六米多……

威廉不止是建造了一个一流的庞然大物，参观过他造的摩天大楼的观光客们，10个会有9个都说这是他们最喜爱的建筑。这也许是因为威廉充分重视了各方面重要的装饰性细节。克莱斯勒先生希望这不仅是一幢大楼，更希望这幢楼能和他的产品有所相像。威廉的设计就是仿照克莱斯勒·普利茅斯1929型汽车的各个部件建造的这座77层的大楼。它的结构是这样的……

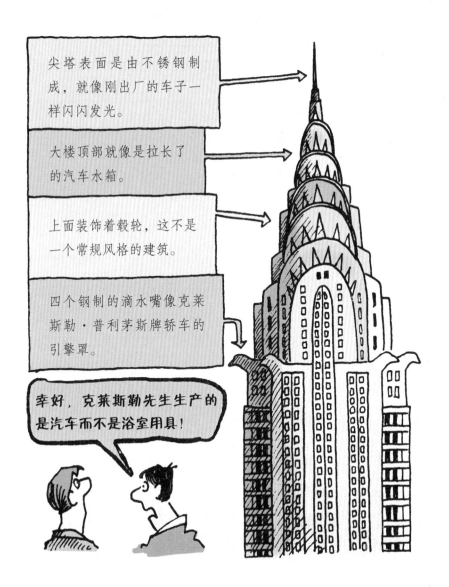

尖塔表面是由不锈钢制成，就像刚出厂的车子一样闪闪发光。

大楼顶部就像是拉长了的汽车水箱。

上面装饰着毂轮，这不是一个常规风格的建筑。

四个钢制的滴水嘴像克莱斯勒·普利茅斯牌轿车的引擎罩。

幸好，克莱斯勒先生生产的是汽车而不是浴室用具！

135

克莱斯勒大楼的入口大厅是由红色的大理石、花岗石和铬黄铁建成，规模宏大，有一个长30米、宽29米的巨型天花板，上面画着引人注目的工业和运输方面的活动场景。

克莱斯勒大楼的里里外外全部沿袭了20世纪二三十年代很盛行的流线型的"迪各艺术"风格——小到茶壶大至车站，几乎全都是用这种"迪各艺术"手法制成。克莱斯勒大厦本来就是要"赶上潮流"——现在看上去依旧那么时髦。

令人吃惊的事实

在高耸入云的摩天大楼的世界里，没有哪座能永远独领风骚——曼哈顿塔银行大厦和克莱斯勒总部大楼建成后不到两年，又有一座新的庞然大物被建成，这顿时使人们相形见绌……

帝国大厦

▶ 帝国大厦坐落于纽约城西区34街，第五大道350号，它的名称是由纽约州州名而来。在1972年以前，帝国大厦一直是世界上最高的建筑。

▶ 大厦主建筑高380米，共有102层。

▶ 建造帝国大厦用掉了1000万块砖。它有6500扇窗，112千米长的管道和80千米长的散热管（还有建筑工人蹲下来撑裂的5000条裤子）。

▶ 另外，它还用掉了7600千米长的电线——足以铺设一条从英国伦敦到中国北京的电缆。用于造大厦骨架的钢材重达61 000

吨，外加用于构筑墙体的5600立方米石灰石和740吨用于外部墙体的铝材和不锈钢。

▶ 工程于1930年初开始，1931年4月11日竣工。

▶ 为了建造大厦，有3500多位小商贩不分昼夜地工作，他们中有14人在施工过程中意外身亡。

▶ 施工人员中有很多是莫霍克族的印第安人，他们凭借高大的身材和无所畏惧的性格被录用。

▶ 施工人员平均每星期造4层楼。

▶ 大厦是在美国大萧条期间完工的。起初，只有少数人有钱在那里租赁办公室，所以不久后就被称为空荡的大厦。

137

▶ 1945年，一架B52型轰炸机在浓雾中坠毁，撞进了78层和79层之间——机组成员和12名办公室工作人员因此丧生，但由于有坚固的钢骨架，大厦的主建筑保存完好无损。

▶ 有一次，大厦在20分钟里遭受了9次雷击。

▶ 在离大厦130米处，无论你是在地面还是在490千米高空的飞机上，都能看到安装在楼顶的明亮的现代化警示灯。

▶ 大楼经常受到暴风袭击——在起大风时，大厦顶上的观察平台可以左右摆动1米。

▶ 帝国大厦装有73座电梯，最快的速度为每秒钟3米！

▶ 帝国大厦每年举行一次"攀登"比赛，看谁最先完成1860级台阶的攀登，达到最顶层。最快的仅用11分钟便到了第102层。一般人要用半个小时才能从顶层走下来（除非你顺楼梯扶手滑下来）。

▶ 有些建筑专家担心帝国大厦的钢铁结构最后会生锈，早晚都要拆换，果真如此的话，就得有200辆卡车不分昼夜地工作6个月，才能把拆下来的碎砖搬走。

▶ 1979年11月2日，一位名叫艾尔维塔·亚当斯的29岁妇女从大厦的顶部往下跳——就在几秒钟过后，突然刮起一阵大风，一下子把她吹回到她起跳的那个壁架上！艾尔维塔只是屁股受了点儿伤。

更上一层楼

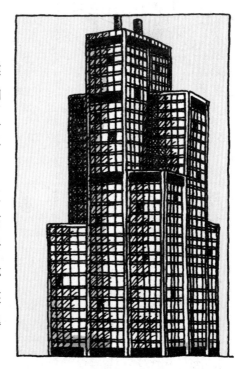

20世纪70年代以后又建起了各种各样的建筑，它们超过了帝国大厦，比如"丑陋无比"的希尔斯大厦（一个美国作家曾这样形容），它高达443米，还有格外巨大的多伦多国家电视塔，高度超过553米。这些建筑者好像永远不会满足，那么你该怎样击垮你的对手造一座更高的大楼呢？首先，你得搬来比他们多一倍的材料。

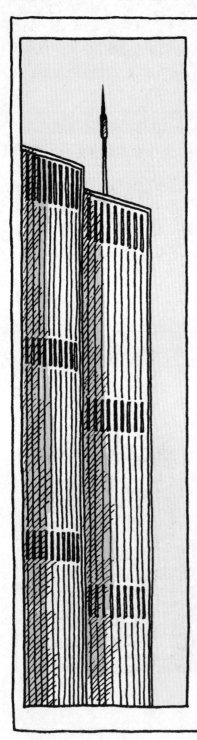

1. 纽约世界贸易中心

设计者 建筑师米诺儒·雅马萨奇。因为他有恐高症，于是他在高层建筑中限制了窗子尺寸。这反倒给他的事业带来了机遇。

外貌 它由两座巨型高楼组成，110层，高度为412米，每个楼里都有99座电梯。这个双塔建筑的基部是由橡胶制成的，所以遇上大风，它会摇摆。

大楼的作用 大楼里每天都有50 000多人在工作，他们有的在开会，有的敲着电脑键盘、盯着屏幕，有的在做生意，还有的人一边打着哈欠，一边唉声叹气，各种各样的人都有。

最快的上下方法是什么

作为一名参观者，你可以使用那些特快电梯，这些电梯使大楼里的人个个看上去都像瞌睡虫——因为从楼底上到107层足足需要58秒的时间（绝对是真事！）——不要电梯还没停就出来！

4件令人毛骨悚然的事件！

1974年　菲利蒲·佩蒂特在两座楼的楼顶间走钢丝。他后来被逮捕了。作为惩罚，政府要他在中央公园为孩子们做走钢丝的免费表演。

1975年　欧文·奎因从楼顶跳伞。

1977年　乔治·威里格穿着自己设计的铁钉鞋（一种鞋底装有钉子的登山鞋爬上了楼顶——他被罚款25万美元）——但他只付了1.10美元。

可怕的事情发生了！　美国东部时间2001年9月11日上午9点前后，两架被恐怖分子劫持的波音客机先后撞击世贸中心的摩天大楼。大楼在起火大约一个小时以后，完全倒塌，有数千人在这场灾难中丧生。

2. 双子星塔

地点

马来西亚，吉隆坡

最高目标

成为世界上最高的建筑。

哇！那么它到底有多高呢？

它有451.9米高——如果你数一数，就会发现它共有88层。

人们对它有何评价？

有人说他们"富有浪漫色彩——是一首诗，一部戏剧，能在每个人心中引起共鸣"。（管它是什么意思！）

他很喜欢它们，很明显！

——对！绝对喜欢！因为他就是这些塔的建筑师！

有人不喜欢它们吗？

哦，有！有个人说它们看起来就像"一个巨大的酱油瓶"——他其实是个"建筑批评家"。

为什么建造它们？

马来西亚总理说，它们"象征着工业发展的欣欣向荣"。

那么，它们只是简单的高大办公楼吗？

是的！

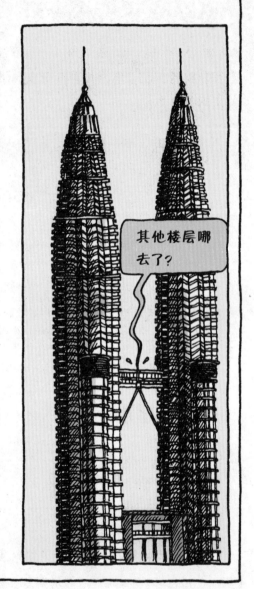

142

如果你想赢得摩天大楼的比赛，那你可得跑快点，否则肯定会有人比你盖得更高的！

建造自己的摩天大楼！

你想拥有很多很多的钱——让全世界最大的银行都为你震惊吗？那可不是一件容易的事情，最好的办法就是建一座摩天大楼，然后将它们租给世界上顶级的跨国公司！以下就是12个简要的步骤：

1. 找些帮手

建筑师

我来设计大楼……随时来检查……

建筑承包商

我来组织……和工人……

评估师

我要进行……和时间……

电气工程师

我来规划……电脑……

楼内设计师

我会建议……花草……

租用调查员

我会帮你……的人……

2. 进行设计

摩天大楼得用CAD系统（一种计算机辅助设计系统）设计，还要做一个大楼的比例模型——这样可测试大楼的抗风能力或展示给可能来租房子的一流商人们看。

3. 寻找地点

一定要将你的摩天大楼建在有"战略地位"的位置上，这样才能成为商家的首选之地——千万记住这一点！

靠近……

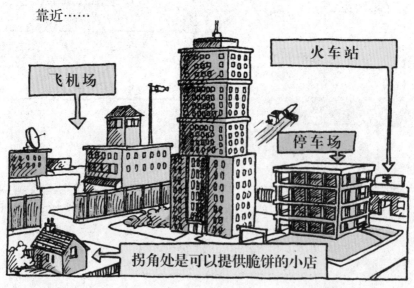

4. 清理现场

地点选好了吗？很好！现在你得招一帮拆除工来，把这里所有的旧房子都拆掉——他们这项工作也得有一定的技巧。

5. 挖地基

"土木工程师"会检查你所选地点的地面质量——如果地面全是软黏土构成的，那你就把地基挖得更深、建得更牢。

6. 建造钢铁骨架

在你继续施工之前——先得说说安全问题！你的工人们要在400米高的钢梁上工作，那些金属架子不到1米宽。你得提醒他们不要让重的东西，像钥匙、早饭等掉下来。当然，更不能让人掉下来，那可太危险了！所以，现在就在你的工地上贴一张告示吧！

危险！
所有工人，特别是高空作业的工人注意

不准在午餐时间在上面互相打闹、跳跃或玩5人一组的橄榄球。

必须随时佩戴安全帽——因为从三四十米高的地方掉下任何一个东西都会砸破你的脑袋！

必须用塑料板或塑料网在建筑周围围上一圈，用来接住掉下来的工具或其他危险物品。

必须将安全带系在建筑上安全的部位，绑紧身体，不要忘了，在这种令人头昏眼花的高度，一阵突如其来的大风就可以把你吹下来——所以，在以后几个月绝对不能吃烧豆角和黄瓜三明治。

7. 将屋架包上"皮"

钢屋架现在是做好了——不过还有一件事！而且非常重要——你还没有墙壁、地板和天花板呢！

8. 安装管道

现在，你得解决"服务设施"问题了，如煤气、用电、用水等。在此之前，你得先铺设管道——就是用来解决通气、通电和通水的"管子"。

9. 安装垃圾处理设备

你的摩天大楼得成为有声望的建筑——所以你最后一件要做的事，就是让6楼的印刷公司把窗外的垃圾全部清空。

10. 让你的大楼学会自己思考

另外安装一套计算机系统，使你的大楼成为"智能建筑"，它就可以"监测"（检查）服务系统，万一出了问题就提醒居民！

11. 装修

现在你差不多可以举行开业典礼了。

12. 取得必要的许可

你的办公房间已租给了顶级的公司——你现在可是一个完完全全的地产开发商了。你自始至终监视着整个工程——就在你拿到本地政府允许你建房规划许可证那天。

你一定事先拿到了规划许可证的！是不是？

编后语

　　建筑、建筑、建筑，它们到处都是，对不对？有时候似乎是一眨眼的工夫就又建起了一座房屋、一家额外的购物中心或多层的停车场，而那里在几分钟前还是种着树、养着奶牛的农牧场。

　　如果你是个平时很注意观察建筑的人，你就会发现有很多很多的建筑根本没有什么特别的地方，倒是有些特别难看。但有些著名的建筑师却认为，好的建筑应该：

　　不幸的是，并不是所有人都同意这些建筑师的观点，有时是空间的问题，有时是金钱的问题——你知道吗？建一个漂亮的罗马式立面都要花很多钱。甚至有时候人们干脆不让建筑师们插手——因为这样能省不少钱。

　　其实你也可以动动自己的脑子，想想建造这些建筑到底值不值。你也可以在你身边找出一些不可思议的建筑——无论是高雅的住宅还是摩天大楼；无论是活动的房屋还是学校的建筑（是的，有时学校的教学楼也很新颖独特），肯定会有一些东西让你激动不已的。

　　只要你真的感兴趣，你也可以梦想自己成为大建筑家，在建筑世界里遨游一番的！如果你美术很好，理科又学得不错，你就可以设计出一些令别人眼花缭乱的建筑来。谁知道呢？说不定它们真的会成为现实呢！